西北大学“双一流”项目资助

环境规制、排污权交易与经济增长

康蓉 冯晨 李楠 著

Environmental Regulation,
Emission Trading and Economic Growth

人民出版社

序　言

关于环境保护与生态建设的论述与著作早已汗牛充栋，关于环境污染与温室效应所能为人类社会带来的诸多危害亦无须赘言。关于环境保护与生态建设不是本书所探讨的主题，本书将重点着墨于中国的环境规制政策及其所带来的经济效应，在经济学的研究范式与实证检验的基础上探讨环境政策对经济增长产生的影响。当然，国家的环境政策数不胜数，我们水平有限，无法进行宏观的系统性把握，以免挂一漏万。因此，我们仅从碳排放的视阈来看待此问题，以求窥一斑而知全豹。

自20世纪90年代以来，全球气候发生变化已毋庸置疑，给全球经济发展带来巨大的挑战。联合国政府间气候变化专门委员会发布的《第五次评估报告》指出，"气候变化要比原来认识的更加严重，而且有95%以上的把握认为气候变化是人类的行为造成的"。从经济学角度来看，气候变化争端产生的原因在于经济行为的负外部性和全球气候的公共产品特性。因此，在联合国政府间气候变化专门委员会成立的同时，国际社会也展开了就控制全球气候进一步恶化的国际气候谈判。经过二十多年的艰苦谈判，形成了《联合国气候变化框架公约》和《京都议定书》两项国际协定，对各国（尤其是《京都议定书》附件一国家）的碳排放产生了一定的约束力。2015 年 11 月，《联合国气候变化框架公约》缔约方会议最终达成了全球性的历史协定《巴黎协定》。《巴黎协定》的成功签署也意味着中国在节能减排、控制全球气候变化领导地位的开始。面对日益恶化的全球气候，我国所承受的碳减排压力也越来越大，而作为世界瞩目的经济增长引擎，中国如何处理好环境规制与经济增长之间的关系也成为当下学术界所关注的主要问题。

中国自改革开放以来，在经济和社会发展水平稳步上升的同时，气候变化与温室气体排放等环境问题也成为备受国人和世界瞩目的重中之重。国际能源署的数据表明，中国在 2008 年化石能源燃烧排放的碳排放总量达到 65.09 亿吨，美国为 55.95 亿吨，超过美国 9 亿吨，比欧盟 27 国的排放总量高出 1/3，占全球排放总量的 22%。因此，中国所面临的温室气体排放问题也面临着刻不容缓、亟须缓解的地步。在来自美国耶鲁大学和哥伦比亚大学联合发布的 2016 年世界环境绩效排名环境绩效指数（Environmental Performance Index，EPI）中，中国得分为 65.1 分，在 180 个国家和地区评估中得分居第 109 位，位次排名在整个评估国家和地区中靠后。近几十年来，由于中国经济的高速增长主要偏向于粗放型生产方式推动，一次能源的消耗比重过大，在国家普遍重视工业生产绩效提升的过程中，温室气体的过度排放导致严重的环境生态问题。中国的环境规制强度普遍较弱，在避免走向“先污染，后治理”的老路之前，注重经济发展与环境保护共赢，提高环境规制强度的举措将成为必要手段。可喜的是，国家政府对环境问题的关注和重视程度日益提高，针对中国所面临的碳排放的严峻趋势，2011年国务院印发了《“十二五”控制温室气体排放工作方案》，同年，国家发展改革委正式下发了《关于开展碳排放交易试点的通知》，标志着中国的碳排放与交易试点的正式设立，同意北京市、天津市、上海市、重庆市、湖北省、广东省及深圳市开展碳排放权交易试点，截至目前，七个试点省市已全部开展了碳排放权交易。

排污权交易体系的建设是环境规制政策的一大举措，也体现出中国政府对过度碳排放问题的高度重视。截至2015年年底，中国七个碳排放权交易试点二级市场配额累计成交量5032万吨，累计成交额14.13亿元，平均成交价格28元/吨；中国经核证的减排量（China Certified Emission Reductions，CCER），累计成交量3560.5万吨，累计成交额近3亿元，均价近8元/吨。其中，湖北省、广东省、深圳市、北京市等碳市场交易规模占比较大，市场活跃度相对较高。在排污权交易试点的建设过程中，各个试点还对排放配额的分配方式进行探讨，尝试探索一级市场与二级市场的价格传导模式，为构建更为合理的碳定价机制提供了经验。

基于经济规律来发展经济，根据市场规则来建立市场，是对环境规制政策与经济发展模式双向互动的最好诠释。通过科学建设排污交易体系，完善碳排放约束原则，环境规制对经济增长轨迹的政策性影响也变得非常显著。基于技术进步、对外贸易开放与经济增长的角度，本书将对碳排放下的环境规制的政策性效应进行着重刻画与详细探讨。根据实证基础的方法论研究，本书将结合经验数据与中国证据来展现环境规制背后的经济体策略性互动与经济增长轨迹的微观基础。在本书的最后，我们在对现有规制政策的有效性进行分析之后，也对新型碳排放约束方法进行了展望。当然，浅尝辄止，虽意犹未尽，但关于之后事，那确实已超出本书所关注的范围，其背后机理与逻辑认知，亦非我等所能把握。

本书旨在关注基于一个碳排放视阈下的环境规制政策及其对经济增长轨迹的作用机理，即使做不到“以理群类，解谬误，晓学者，达神恉”，我们也希望能基于这个鲜被探讨的角度，为相关研究贡献绵薄之力。

冯　晨

2020年1月13日

目　录

第一章　国际气候变化与中国参与气候谈判的经济学分析框架 …… 1
第一节　全球气候变化与温室效应加剧的背景分析 …… 1
第二节　国际气候谈判的格局演变 …… 3
第三节　伞形集团国家利益与中国的谈判立场 …… 6
第四节　谈判的双层博弈分析 …… 14
第五节　中国扮演的谈判角色与减排责任 …… 21
第二章　中国减排行为的政策背景与意义 …… 28
第一节　中国环境现状 …… 28
第二节　国外既有模式的运行 …… 30
第三节　中国环境规制措施与政策背景 …… 31
第四节　减排措施的定性分析与选择约束 …… 32
第三章　环境规制的开拓性措施与排污权交易的实证经验 …… 35
第一节　认知偏差、要素禀赋下的环境产权鉴定 …… 35

第二节　排污权交易的演化机制 …………………………… 55
第三节　碳计量的国际研究经验与借鉴 ……………………… 59
第四节　排污权交易市场上对碳排放配额分配的比较研究…… 66
第五节　排污权交易的分配模式对碳排放约束的经验证据…… 75

第四章　碳排放下的环境规制与技术发展 ……………………… 82
第一节　能源约束下的中国环境全要素生产率提升 ………… 82
第二节　碳排放规制下的自主研发、技术引进对全要素
生产率的影响分析 ……………………………………… 97
第三节　环境规制政策是否抑制了企业技术创新? ………… 109

第五章　碳排放下的环境规制与对外贸易………………………… 151
第一节　对外贸易对环境污染的影响假说评述……………… 151
第二节　对外贸易中的隐含碳分析 ………………………… 157
第三节　贸易环境效应的影响机制 ………………………… 158
第四节　中国货物贸易对碳排放的影响作用………………… 168
第五节　贸易开放程度、金融环境成熟度与碳排放的
分解效应分析…………………………………………… 184

第六章　碳排放下的环境规制与经济增长………………………… 195
第一节　能源结构、碳排放与经济增长 ……………………… 195
第二节　能源消费、碳排放与经济增长 ……………………… 207

主要参考文献………………………………………………………… 223
后　记………………………………………………………………… 238

第一章　国际气候变化与中国参与气候谈判的经济学分析框架

第一节　全球气候变化与温室效应加剧的背景分析

随着经济全球化、各国城市化、发展中国家工业化进程的不断加快，全球气候变化成为当前国际社会面临的又一重大问题。全球平均气温上升、洪涝灾害、飓风等极端天气现象在各国频繁出现。为了有效控制气候变化给人类生存带来的威胁，从《联合国气候变化框架公约》到《京都议定书》，再到后京都谈判，国际社会作出了积极努力。无论是发达国家还是发展中国家都把气候问题上升到国家战略高度。

一、全球气候变化的背景分析

随着全球经济的迅猛发展，特别是进入到20世纪之后，许多国家和地区出现了经济发展的奇迹现象。同时，一大批新兴经济体也开始崛起，伴随着全球经济的腾飞，世界气候的异常变化也引起了经济学家的关注,他们试图找到经济发展与环境气候变化之间的关联程度。随着经济的进一步发展,进入到21世纪后,全球气候开始出现不规则的变化,极端天气频繁出现,对人类生产生活造成了极大负面影响。有数据统计,2001—2010年这十年间是1850年有现代测量数据以来最热的十年,并且全球变暖趋势不减。依据世界气象组织(WMO)《全球气候2001—2010:气候极端事件十年》报告内容,就温度部分来看,这十年陆地和海平面平均温度为14.47摄氏度,较1961—1990年间平均温度高0.47摄氏度。同时根据调查显示,全球大部分地区这十年间的平均温度高于以往。

从降水及热带气旋情况来看,这十年全球出现了降水量的激增,比如美国北部以及加拿大北部和东部等地区,降水量超出往常。因此这十年也是洪水极端频发的时间,东欧、印度、非洲和亚洲都遭受了较大破坏力的洪水灾害,此外,2010年澳大利亚也未能幸免。而关于热带气旋,这十年出现了511个热带气旋,共计造成17万人丧生以及2亿多人受灾。2008年北印度洋发生最严重的热带气旋,造成近14万人死亡或失踪。

由于十年是一个对气象情况评估的合理时段,因此通过世界气象组织对最近的一次气象评估报告可以看出,全球极端气候现象正呈现出愈演愈烈的态势,并且给人类造成的负面影响也越来越严重。虽然随着科技的进步,人类对灾害的预警系统越来越完善,但极端天气的出现频率以及波及范围的确定对人类来说仍是一大挑战,且近半个世纪以来受到极端天气影响的人类数量急剧增长,科学界基本将极端天气的出现归因为气候变化的影响,也正因为如此才提高了各类极端天气的发生概率。由此可以看出,我们对全球气候变化的认识还有待深化。

二、温室效应变化的背景分析

随着工业化进程的发展,全球化石燃料消费速度远远超过历史上其他时期,根据科学界大部分学者的共识,当前全球变暖以及温室效应的加剧与二氧化碳的过量排放密不可分。因此,开展对温室效应的研究也就是对碳排放的研究。

有许多因素会导致碳排放的增加,其中最主要的是化石燃料的消费,特别是煤炭、石油、天然气的消费。在 21 世纪初期,全球经济推动力主要来自化石燃料方面尤其是煤炭和石油的消耗,而这两种化石能源所产生的碳排放异常高于天然气所产生的。因此,全球当前碳排放过量出现的最主要原因就是煤炭和石油的大量消耗。根据相关数据可知,当前全球碳排放最多的十个国家加总起来的碳排放量超过全球排放的 80%,且大部分为发达国家。

地球具有自净系统,但由于人类活动排放的二氧化碳过量,超出了其自身的净化能力,因此多余的部分被“储藏”在了大气层中。自工业革命以来,人类通过大量使用化石燃料推动了经济的发展,并依靠科技手段引发了经济的腾飞,但随之而来的代价是温室效应问题的出现,因此温室效应问题不是短暂出现的,也并非是短期内积聚爆发出现的,而是通过长期积累,由渐进的量变到质变的过程,因此关于这个问题我们应当从其发生的主因以及过程来看待。

第二节　国际气候谈判的格局演变

随着世界“一超多强”政治经济格局的形成,国际气候谈判作为新的全球间不可调和的矛盾体,其格局必然会随着世界政治经济格局的变化而变化。在国际气候谈判不断发展的历程中，由于发达国家与发展中国家在经济发展、历史碳排放量、资金技术等方面的程度不同，以及发达国家的援助承诺和发展中国家的期望之间存在差距，形成了所谓的“南北格局”，即发达国家与发展中国家成为两大对立的谈判阵营，这种对立始终贯穿在国际气候谈判中。

然而，近些年，中国、印度等发展中大国经济的快速发展以及碳排放量的持续增加，发达国家为保护自身经济利益，不断向发展中大国施加压力，要求提高其减排目标，因此，这种发展中国家与发达国家形成的“南北格局”正在逐渐重塑，新的谈判格局正在不断演进，其方向对发展中大国来说必然会面临前所未有的挑战，当然，也存在新的机遇。

就目前来说，国际气候谈判的发展形势主要有三种：欧盟阵营的主导作用不断加强、伞形集团国家逐渐向欧盟靠拢、逐渐面临分裂的“G77+中国”。

对欧盟来说，作为气候谈判的主要推动力量，其主导地位从一开始就被确立。但欧洲债务危机爆发后，欧盟因为无暇顾及气候谈判，其领导地位逐渐被削弱。然而从 2011 年开始，欧盟在气候变化方面加大与国际经济贸易制衡，力主推动《京都议定书》，特别是在德班和多哈会议上欧盟成功地使大会通过了其制订的“路线图”计划，使得欧盟在气候谈判中的主导作用日益加强，继续成为气候谈判的主要推动力量。

所谓“伞形集团国家”（Umbrella Group），是指在 1997 年《京都议定书》中以美国为代表的由除欧盟国家以外的发达国家组成的气候联盟。该集团没有具体的成员名单，一般认为主要包括美国、俄罗斯、日本、澳大利亚、加拿大等。

无论哪个阵营集团，都存在着利益共同性与差异性，伞形集团也不例外。利益共同性导致其形成联盟，而差异性则会使得其内部矛盾冲突。这种利益的差异性与共同性共同作用，使得一些清洁能源使用率高的国家逐渐向欧盟靠拢，借助欧盟国家以积聚更大的力量共同对新兴的发展中大国施加压力。

“G77+中国”一直以来都是发展中国家的代称，在气候谈判初期，由于其发展水平、经济实力相当，拥有共同的需求，因此发展中国家内部共同结成联盟团结发展，使得其模式能够得以延续。然而，随着阵营内部各国经济发展水平差距的拉大，尤其是近年来像中国、印度这样发展中大国的迅速发展，不仅对发达国家，而且对整个世界来说，都成为一股不容小觑的力量，而一些比较落后的发展中国家经济实力增长却相对缓慢，以至于很难跟上全球发展的步伐；同时由于经济发展程度差异的拉大，阵营内部由于各国自身利益问题导致的矛盾分歧越来越明显，以及其内部还存在如小岛国联盟、雨林国家联盟、最不发达国家以及基础四国的不同利益集团之间的差异；再加上欧盟与伞形集团的“分而治之”战略的实施，使得“G77+中国”逐渐濒临分裂。

近年来，随着发达国家不愿在率先减排方面作出努力，并且不断对新兴发展中大国施加减排压力，使得发展中大国在日后气候谈判格局中的地位日益凸显。经过历年谈判经历的变化，未来的谈判趋势可能发展为：第一，区分并且突出强调排放大国与排放小国；第二，“共同但有区别责任”的原则逐渐松动；第三，“双轨制”谈判模式逐渐被取代；第四，《京都议定书》被边缘化。[1]

---

① 于宏源：《国际气候谈判格局的演变方向》，《绿叶》2013年第5期。

第三节　伞形集团国家利益与中国的谈判立场

一、伞形集团国家在气候谈判中的立场及利益分析

伞形集团国家的谈判立场代表了大多数发达国家的利益要求，而这些发达的成员大多数是碳排放大国，因此，在国际气候谈判中的地位和作用不容忽视。

在国际气候谈判中，伞形集团国家面对发展中国家要求发达国家进一步深度减排的压力，集团内部主要成员出于不同的原因，均不愿作出大幅度减排的承诺。对于《京都议定书》条约，伞形集团国家的立场也表现出不同的差异性：美国从一开始就拒绝签署《京都议定书》，并且坚决摒弃条约现有的框架，希望重新达成一个对自己有利的气候条约；日本和澳大利亚虽然批准了《京都议定书》，但是对条约中的许多条款仍然存在异议，并且要求对《京都议定书》进行修正，同时要求在《京都议定书》以外重新签订一个新的气候条约，此条约的减排义务必须包括所有的经济主体，而日本更是在2013年的华沙会议上将其减排目标由“降低25%”逆转为“增加3.1%”；在《京都议定书》第一承诺期时，加拿大鉴定了其协议，但是具体的立场一直处于模棱两可的状态，随着加拿大经济的发展，面对协议对发达国家减排应承担义务的压力，加拿大直接在2011年的德班会议上宣布正式退出《京都议定书》，并声称将致力于一项有效的国际气候变化协议谈判，加拿大成为第一个放弃的签署国；由于《京都议定书》第一承诺期对俄罗斯提供了相对宽松的排放空间，因此俄罗斯虽然不希望未来的气候谈判建立

在《京都议定书》之上，但是也表现出了遵循议定书的承诺。

《京都议定书》第二承诺期经过艰难的谈判，终于在 2012 年的多哈国际气候谈判会议上通过一揽子协议达成一致，从 2013 年开始实施。但是，伞形集团国家仍然表现出不同的立场。2013 年的华沙国际气候谈判大会是继《京都议定书》第二承诺期实施后的第一次气候大会，在全球气候变化挑战日趋严峻、应对气候变化要求日益紧迫的情况下，发达国家对其减排目标的承诺仍然缺乏政治意愿。从表 1-1 中可以看出，到 2020 年，美国和俄罗斯在减排目标上没有变化；日本、加拿大和俄罗斯相继退出《京都议定书》，加拿大更是不承诺减排的目标；澳大利亚承诺，到 2020 年，在 2000 年基础上减排 5%，相对来说，其减排目标相对倒退；日本则已确定新的削减国内排放目标是在 2005 年的基础上减排 3.8%，相当于在 1990 年的基础上多排放 3.1%。这表明对于提高减排目标的承诺仍然是谈判的难点，这给今后的气候谈判带来了很大的负面影响（见表 1-1）。

表 1-1　主要伞形集团国家承诺到 2020 年的减排对比表

国家	2010 年坎昆会议上的减排目标	2013 年华沙会议上的减排目标	基准年
美国	-17%	-17%	2005
俄罗斯	-15%到-25%	—	1990
加拿大	-17%	不承诺	2005
日本	-25%	+3.1%	1990
澳大利亚	-5%到-15%或-25%	-5%	2000

资料来源：笔者根据 2010 年联合国气候变化大会和 2013 年联合国气候变化大会整理所得。

伞形集团国家在国际气候谈判过程中针对发展中大国的减排要求表现出一致的协调性，然而在一些针对集团内部具体的谈判议程又表现出一定的分歧。两种表现归根结底都与自身的利益诉求息息相关。

由于伞形集团国家是由除欧盟以外的发达国家组成，而《联合国气候变化框架公约》规定的要求在国际气候谈判中一贯坚持的“共同但有区别责任的原则”恰恰又要求发达国家在《京都议定书》的第二承诺期内率先进一步减排，再加上发展中国家的压力，伞形集团国家为在国际气候谈判中实现收益最大化和损失最小化，其共同利益的协调性异常明显。

第一，降低减排成本。在国际气候谈判中，减排目标一直是最大的争议。《京都议定书》第一承诺期规定附件一国家包括伞形集团国家可以运用灵活的机制（借助清洁发展机制）来实现降低减排成本。然而，在“共同但有区别责任的原则”以及《京都议定书》第二承诺期中，不仅要求包括伞形集团国家在内的发达国家率先实现更大的减排承诺，而且要求发达国家依靠其国内的实质性减排来实现既定目标，这些无疑增加了发达国家的减排成本。因此，面对发展中国家要追究的历史责任，发达国家迟迟不愿作出进一步减排的承诺，甚至有些主要的伞形集团国家更是退出《京都议定书》，不再作出减排承诺。

第二，保护国内经济竞争力。由于伞形集团国家被要求承诺进一步减排，而发展中国家由于经济能力以及历史的原因不被要求，结果导致发展中国家的碳排放量随着经济的发展持续上升，发达国家的减排量被发展中国家增加的碳排放量所弥补，形成所谓的“碳泄漏”。另外，随着发达国家对发展中国家资金支持以及国内的减排行为必然会增加国内经济发展的经济成本，削弱发达国家的国际竞争力，因此，发达国家为保护国内竞争力，均不愿作出减排的承诺以及对发展中国家提供资金的援助。

第三，分裂“G77+中国”。由于欧盟联合伞形集团国家推动针对发展中国家的“分而治之”战略，以分裂“G77+中国”阵营为目标，把矛头指向正在崛起的新兴发展中大国，符合发达国家之间的利益，使得伞形集团国家与欧盟通同一气。

另外，对于伞形集团国家而言，由于其经济发展水平与碳排放量等方面存在的差异，以及在对《京都议定书》的批准与否之间态度的差异，使得伞形集团国家内部之间矛盾重重。

一直拒绝批准《京都议定书》的美国，在“超实用主义”理念的指导下，应对气候变化实则无关“温度”，其谈判立场主要以国内政治和经济上所能获得的最大利益为基础。能源安全问题始终是美国政府高度关注的一个战略问题，因此，从目前来看，其利益也主要与能源安全战略密切相关。从近期来看，美国不会减缓本国经济发展速度以牺牲其现实利益在应对气候变化问题上采取实质性的措施，在石油替代能源技术未取得突破性进展之前，石油仍然是美国政府的需求，很难大幅度减少。但是从长远利益来看，一旦其石油替代能源技术取得突破性进展，美国很可能会在国际气候谈判中采取强硬态度，利用其经济强势，压迫发展中大国承担更多的减排义务。

日本、加拿大和俄罗斯相继退出《京都议定书》。在《京都议定书》的第一承诺期内，日本、加拿大和俄罗斯虽然认为京都目标提出的要求过高，不易实现，但其还是批准了《京都议定书》并且承诺减排。但是在《京都议定书》第二承诺期中，这些国家不仅提高了第一承诺期的减排目标，而且还在第二承诺期刚开始时就相继退出《京都议定书》。

对澳大利亚来说，作为煤炭的出口国与消费国，减排必然对其经济发展不利。虽然在2008年签订了《京都议定书》，但其自身的利益也限制了澳大利亚对《京都议定书》不会有所作为。首先是其本身就严重依赖煤炭等高污染的燃料；其次是其工业集团以利益当先，紧跟其他一些发达国家的做法，都决定了澳大利益不愿减排的立场。

二、中国参与国际气候谈判的立场分析

关于立场演变。中国作为最大的发展中国家，参与国际气候谈判的立场也处于不断的演变过程中，主要分为以下三个阶段。

第一阶段是被动却积极参与(1990—1994年)。在1994年的《联合国气候变化框架公约》生效以前，中国从1990年国际气候谈判开始就表现出积极参与的态度，但其立场却很被动。其原因主要有：一是中国在开始时虽然意识到气候问题对中国粗放型发展很不利，但当时科学水平较低，认识不足，并且将谈判的压力全盘放在谈判代表团身上；二是中国正处于小康社会与经济建设的关键时期，自身生态环境也很脆弱；三是国内与国际政治形势特殊。

第二阶段是谨慎保守参与(1995—2001年)。从1995年第一次会议开始，谈判各方就在议定书、技术转让等方面互不妥协，气候谈判的艰难进程使得中国的态度也逐渐变得谨慎起来。其原因是：一是中国各方面的意识逐渐提高，认识到气候变化不仅关系社会经济的发展，而且更直接关系到人类的生死存亡；二是对于发达国家在议定书中承诺对发展中国家提供的资金援助尚未兑现，再加上发达国家多次违背“共同但有区别责任的原则”，使中国不得不提高警惕；三是外交关系的变化也成为中国态度立场变化的一个原因。

第三阶段是活跃开放参与(2002年至今)。加入世界贸易组织(WTO)以后,中国的态度明显趋于积极活跃,对《京都议定书》的签订及运行起到了推动作用。其原因是:一是随着国际气候谈判格局的演变,中国作为格局中的“大国”,必然要担负起责任;二是对气候问题认识的进一步深化,认为走低碳发展道路是符合人类利益的可持续发展战略;三是随着中国国际地位的提高,中国以一个负责任大国的身份走进国际舞台,必然促使中国活跃开放地应对国际气候谈判。

关于立场原则问题。气候谈判是一个长远的进程,面对发达国家与其他发展中国家的压力,中国必须明确自己的立场,坚持以下原则。

一是坚持在气候谈判中制定的《联合国气候变化框架公约》和《京都议定书》的基本框架。这两个文件是国际社会上应对气候变化的法律基础,因此,中国必须严格遵守其规定,在《京都议定书》第二承诺期内,尽自己最大的努力,促进减排目标以及资金援助问题。

二是坚持“共同但有区别责任的原则”。虽然如今中国已跻身大国行列,但随着经济的增长,排放量也在进一步增加,但如今面对的严重气候问题主要是发达国家在发展工业化进程中造成的。因此,发达国家不仅需为历史买单,用先进的技术从自身减排做起,而且需要在资金和技术上对发展中国家进行援助,共同为减排目标努力。

三是坚持可持续发展原则。中国必须大力发展科学技术,开发新能源,保护生态环境,走低碳循环发展路线,从长远的利益出发，坚持经济生态生活的协调可持续发展。

三、伞形集团国家的谈判立场对中国的影响

关于伞形集团国家的谈判立场对中国参与谈判的影响。伞形集团国家包括了主要的发达国家，其谈判立场对中国的影响也就是发达国家谈判立场变化对发展中国家参与气候谈判立场的影响。

政治层面上，伞形集团国家在国际气候变化谈判中采取的立场是要同发展中国家尤其是中国和印度这样的发展中大国实现共同减排限排的目标，同时还要求使用有相同的减排限排标准。在不同的场合把矛头直接指向中国等发展中国家，进一步加大了发展中国家的政治压力。从长期来看，发达国家一旦在清洁能源技术上取得突破，采取更高技术提高减排目标，这将对发展中国家构成严峻的挑战。

经济层面上，主要伞形集团国家为实现国内经济利益最大化，必然不会以降低目前国内经济发展速度为代价去减少二氧化碳气体的排放，也不愿利用自有资金去援助发展中国家进行减排。因此，发达国家的立场必定会使国际上力求通过合作来实现共同应对气候变化的努力受到挫伤，由此会对发展中国家的经济发展产生严重的影响。美国为保护自身经济利益，一直拒绝承担《京都议定书》下的减排义务，而随着日本、加拿大和俄罗斯相继退出《京都议定书》，这意味着现阶段应对气候变化毫无效果。而且在新能源技术不能实现减排目标之前，随着发达国家经济总量的持续增长，其温室气体的排放总量可能会继续增长。相对于发达国家而言，发展中国家由于受到科技水平、能源结构以及自然条件等限制，在应对气候变化问题上本身就处于劣势，再加上由于气候变化造成的自然灾害引起的经济损失必然会更大。与此同时，发达国家可能会利用其在新能源技术上的垄断优势，进行技术输出压制，提高发展中国家的减排成本，这不利于发展中国家能源技术的自主创新。

中国的应对策略应包括：

（1）坚持“内外有别”的原则

面对包括伞形集团国家在内的发达国家对《京都议定书》第一承诺期内的食言，在《京都议定书》第二承诺期内，中国必须以“共同但有区别的原则”来应对国际气候谈判，坚持要求发达国家实现减排目标，并且提供资金技术援助，积极参与国际新能源以及技术的合作；坚持中国一贯的负责任大国形象，积极实现自身的减排行动，促进经济发展方式的转变，发展低碳经济，调整经济结构，实现经济的健康稳步发展。

（2）以更积极的姿态参与国际气候谈判

在国际气候日益严峻的形势下，中国必须以一个发展中国家代表的身份，积极参与应对国际气候谈判，完善国内碳排放管理制度，建立全国性的碳排放市场，降低整个市场的减排成本，以促进金融行业和掌握节能技术行业的发展，进而加大节能减排的力度，更好地应对气候变化。在国际合作中更加积极、活力、诚恳和开放，同世界各国一起共同发展经济和保护环境。

（3）引领南南合作，协同维护发展中国家利益

气候变化是一个全球性的问题，需要国际社会共同努力。中国作为发展中大国，是南南合作的积极倡导者，在坚持自身经济发展的同时，也对其他发展中国家提供力所能及的支持和帮助，以强化同广大发展中国家的合作，互帮互助，以一个强大的整体来应对

国际气候谈判,确保在谈判中共同维护广大发展中国家的利益。

应对气候变化已在国际社会上达成认识,然而历届国际气候谈判大会却在艰难中前进,在华沙气候大会上,发达国家与发展中国家仍然在减排目标以及承担责任上出现分歧,发达国家的背信弃义、否认历史,一味强调共同责任、掩盖有区别责任的形势,必将对以后的国际气候谈判进程构成威胁,也必将使得发达国家更加不负责任,而发展中国家在未来的国际气候谈判中将面临更加严峻的形势和挑战。

作为最大的发展中国家,在这样严峻的形势下,中国更应该积极地应对国际气候谈判,并且力争维护“共同但有区别的原则”,进一步提高参与气候机制的合作能力,以实现在国际气候谈判中制定出科学、全面、公平并且具有可操作性的全球性规则,去适应迫切需要解决的环境危机。

第四节　谈判的双层博弈分析

1988 年美国学者罗伯特・帕特南(Robert D.Putnam)提出要把国际谈判与国内政治结合起来,既考察国家内部利益集团之间的博弈,也考察国际谈判中国际行为体之间利益博弈的“双层次博弈模式”。该模式强调国内和国际两方力量对一个国家(地区)气候决策的综合影响,它启示参与气候谈判的政策决策者们应将气候谈判的国内和国际层次结合起来分析。从纵向上来看,国际谈判中的博弈分为两个阶段。在国际谈判的第一阶段,即国际协议达成阶段,各个国家气候谈判代表在国际谈判前竭力维护自己本国利益,力图以最小的损失来换取最大的利益。国家通过彼此之间的让步与妥协形成国际谈判第一阶段的成果。

在国际谈判的第二阶段,即国际协议在国家内部的批准与执行阶段,国家内部代表各自利益的不同政治集团联合对政府进行施压,以维护各自集团的利益,国内集团的联合博弈将会形成使国家内部利益最大化的对外决策,形成气候博弈的第二阶段成果。这一层次的博弈分析实际上可以归结为国内政治集团分析模式。针对国际协议最终能否达成,帕特南提出了著名的获胜集合(win-set)[①]概念。根据帕特南的获胜集合思想,国际谈判的最终结果将取决于这两个谈判成果的交集。交集越大,达成国际协议的可能性就越大;交集越小,国际协议也就越难达成。双层博弈的复杂性在于,国家政府的决策既要被本国国内接受,同时又要得到其他国家政府的同意,而其他国家政府也要考虑本国国内接受的可能性。在国际谈判中,国际决策在国内的表决通过至关重要。例如,美国政府于1998年在《京都议定书》上签字,但是克林顿总统并没有把《京都议定书》送予参议院讨论表决,也就没有对美国温室气体的减排造成实质性的影响。

下面就中国参与国际气候谈判立场的双层博弈进行分析。

关于国际博弈阶段。国际气候谈判属于典型的多边谈判,各谈判主体的利益和立场复杂多变。如果将参与谈判的各个国家的利益逐一进行分析缺乏现实的可操作性,为便于分析,本书将双层博弈模型中的国家主体用气候谈判进程中形成的三个集团(欧

① 罗伯特·帕特南将获胜集合定义为:对于特定的国内利益集团,气候博弈第一阶段达成的国际协议在本国通过的所有可能的集合。Robert D. Putnam, "Diplomacy and Domestic Politics: The Logic of Two- Level Games", *International Organization*, Vol. 42, No.3, pp.435-437.

盟、伞形集团国家和“G77+中国”)来替代。这一替代有其现实基础,因为国际气候谈判中的利益集团是拥有共同利益诉求的国家联合起来,通过干预国际气候谈判来维护本集团共同利益的组织。

在国际气候谈判的整个过程中,欧盟始终是国际气候谈判的积极推动者,也是“京都进程”以及“后京都时代”国际气候谈判的领导者。研究欧盟应对全球气候变化的这种积极态度要从欧盟本身利益出发,既有政治利益因素也有经济利益因素。从政治上来看,欧盟是世界上最大的区域经济一体化组织,组织内部各成员利益各不相同,这使得组织缺乏一定的稳定性。因此,欧盟迫切需要一个维持欧盟内部稳定的机制来进一步推动欧洲一体化进程,环境保护(特别是气候变化)已经成为欧洲一体化的一个重要的驱动力(李慧明,2010)。从经济上来看,在所有影响欧盟应对气候变化立场的经济因素中,能源安全是最重要的因素。从世界能源储备上来看,欧盟各国属于能源相对匮乏地区,欧盟成员所有的石油探明储量占世界的0.6%,天然气仅占0.2%。经济发展所需要的大部分能源依赖于进口,2011年欧盟能源进口依存度高达54%。据预测,如果不采取相应的能源限制措施,到2030年欧盟能源的对外依存度将达到70%。越来越高的国际能源价格和能源对外依存度使欧盟认识到减缓气候变化与维护自身能源安全之间的密切关系。提高能源的利用效率、促进可再生能源的开发与利用不仅能够解决气候变化这一全球问题,而且对其自身能源安全的维护也具有重要的战略意义。总的来说,欧盟在气候治理方面表现出较大的积极性,是推动全球气候治理的重要力量之一。但国际金融危机爆发后,欧盟内部受高失业率的影响,谈判态度开始走向消极,尤其在资金援助方面更是没有达到发展中国家的要求。欧盟委员会曾提议，从2013年到2020年，欧盟将每年拿出20亿—150亿欧元帮助发展中国家减少温室气体排放和应对气候变化的灾难性影响。但是这一援助金额对于发展中国家的1000亿欧元的资金缺口来说是杯水车薪，且欧盟内部成员之间的资金分摊分歧使得这一提议的有效性令人产生怀疑。

以美国为代表的伞形集团国家一直被视为全球气候治理的拖后腿者，它们坚持以发展中国家参与减排为其量化减排的前提条件。伞形集团国家内部，美国在气候治理方面的态度一直占据主导地位。在温室气体减排上美国一直持消极态度，但是这并不意味着美国对这一气候问题就置之不理，而是将控制气候变化的重点放在能源领域。美国政府从来没有放弃对能源的控制，尤其是布什政府期间，小布什任职期间虽然退出《京都议定书》，但是政府每年都在节能减排技术的研发上投入五六十亿美元的资金，包括美国发动的伊拉克战争的根本原因也在于对石油的控制。奥巴马上任以后，无论是在国内还是国际都作出积极的努力：在国内，倡导减少石油消费，鼓励新能源的开发；在国际上，积极参与气候变化的多边或双边谈判。但是，美国在获得减排的新技术之前，在减排问题上不会有实质性行动。奥巴马在其自传《无畏的希望》中表示："我们一方面通过战争和金融手段继续加大对国外石油的控制；另一方面，要加快新能源的研发，占领技术的制高点，未来10年要投入1500亿美元资助替代能源的研究。"[①]国际金融危机爆发后，奥巴马政府出台了一系列刺激经济的计划，加大对新能源的研究投入，出台《美国清洁能源安全法案》；2009年1月，奥巴马

① 中央电视台《中国财经报道》栏目组编：《全球碳博弈》，机械工业出版社2011年版，第9—10页。

宣布“美国复兴和再投资计划”，计划投入1500亿美元，用3年的时间使美国新能源产量增加1倍。这一系列恢复经济的政策被外界称为奥巴马的“绿色新政”。由此可见，美国对全球气候治理的热衷不在于承担相应的国际义务，而在于通过发展以节能减排技术为核心的低碳经济，在获取应对气候变暖问题话语权控制的同时维护其经济霸主的地位。

“G77+中国”是1992年联合国环境与发展大会召开前夕，为增强发展中国家在国际气候谈判中的影响力而成立的。在国际气候谈判初期，由于集团内部各经济体经济发展水平相似，相互间拥有共同的经济发展诉求，在气候谈判中的立场也近乎一致。在集团共同努力下，维护了发展中国家的经济发展权利，在气候谈判协议中切实维护了自己的利益。但是，随着谈判的深入和中国与其他发展中国家经济差距的拉大，使得集团内部开始出现分裂。尤其是在2009年的哥本哈根气候大会上，中国与小岛国联盟、最不发达国家之间的分歧更加凸显。由于这些国家生态脆弱性、国内资金缺乏等原因，在减排目标、资金援助等方面均有向欧盟倾斜的趋向。“G77+中国”由于规模庞大、涉及各国复杂的利益矛盾而造成内部意见分歧，因而具有较大的不稳定性。

关于国内博弈阶段。在国际气候谈判的国内博弈阶段，需要考虑的国家内部利益群体主要有四类：政策决策者、与温室气体排放密切相关的经济部门、第三方利益主体、普通民众。这四个集团对控制气候变化持不同的态度，相互之间的博弈形成第二阶段的博弈结果，进而决定国际气候协议的通过与执行。

政策决策者的态度对国际气候谈判立场具有重要影响，中国参与气候谈判决策的部门较为复杂，主要涉及商务部、外交部、科技部和国家发展改革委四个部门，且各个部门的利益关切点各不相同。商务部主要关注应对气候变化给中国的商务发展带来的机遇与挑战，气候变化背景下的资金援助、碳关税、发达国家绿色贸易壁垒等问题。外交部主要从发达国家与发展中国家气候责任划分上考虑谈判的立场，更加注重参与国际气候谈判的公平原则，坚持承担减排责任过程中的“共同但有区别的原则”。中国外交部气候谈判特别代表曾经表示：“中国和广大发展中国家在谈判中坚定维护《京都议定书》和《联合国气候变化框架公约》基本原则，共同反对一些发达国家试图逃避法定义务的做法。”科技部作为国家应对气候变化领导小组的成员单位，积极参与国际气候谈判和国际合作。在气候变化问题上，科技部主张采取技术措施实现中国经济发展方式的转变，走国内低碳经济发展道路，并指出，“科学技术在应对气候变化中发挥了不可替代的关键作用，大力发展绿色低碳技术，走绿色低碳可持续发展之路，已成为各国的共识”。国家发展改革委也是气候谈判决策的主要力量，在通过节能减排促进中国经济可持续发展问题上，国家发展改革委重点强调发展中国家在气候谈判中争取平等发展权的问题。国家发展改革委副主任解振华认为，发达国家是工业革命以来全球气候变化的主要“贡献者”，应该率先承担减排责任，且《联合国气候变化框架公约》和《京都议定书》已明确规定，发达国家是应对气候变化的主要领导者，发展经济和消除贫困是发展中国家当前需要解决的首要问题，发达国家有义务向发展中国家提供技术和资金援助来帮助其解决经济发展和应对气候变化之间的矛盾。

气候变化产生的根本原因是人类工业活动向大气中排放的温室气体量超过了自然生态系统本身的消化能力，而工业活动是经济发展的必要条件，减排必然会给那些高污染、高能耗的企业发展带来挑战。与温室气体排放密切相关的经济部门主要包括电力、交通、工业等部门。2005 年中国温室气体排放中，能源活动占全部温室气体排放的 77.27%。能源活动中能源生产和加工转换部门的碳排放量占比最高为 44.55%，39.11%来源于制造业和建筑业，7.7%来源于交通部门。这些高污染、高排放部门一般是经济发展的基础行业，这些部门认为中国一旦对外承诺可量化、可测量、可报告的减排责任，势必对其部门的发展造成巨大的压力。因此，这些部门往往对减排持消极态度，阻碍了国际气候博弈阶段达成的国际气候协议在国内的有效执行。

第三方利益集团主要指那些通过技术创新、国际技术、资金转移等在国家减排过程中获得额外收益的集团。这类企业主要包括与风能、太阳能、核能、生物能等可再生资源开发与利用有关的企业，这类企业集团是节能减排的重要倡导者，被视为未来应对气候变化的中坚力量。提高能源的利用效率、促进新能源的开发与利用不仅能够缓解气候变化带来的威胁，而且还可以降低经济发展对能源的依赖。改革开放以来，中国可再生能源呈不断增长趋势，2012 年中国可再生能源占总能源消费的 9.4%。但是这一比例与中国所制定的中期目标（到 2020 年可再生能源占一次能源的 15%）仍有较大差距。因此，新能源的开发与利用还有较大的空间，不仅是减缓气候变化的主要途径，也是我国经济进一步增长的动力所在。由于第三方利益集团能够在减排过程中获得实际的经济利益，该集团规模的扩大有利于国际气候政策在国内的通过与执行，扩大获胜集合的边界。

居民是气候变化的直接感受者，经济发展过程中产生的负外部性直接影响人们的生活环境。2013 年 5 月，上海交通大学民意与舆情调查研究中心发布了中国城市居民环保态度调查结果(2013)。调查结果显示，77.2%的居民认为环境保护应优先于经济发展，接近 70%的居民认为城市气候对他们的健康造成不同程度的伤害，近九成的民众愿意为环境保护作出贡献。2014 年年初，中国多数城市出现持续时间较长的雾霾天气，更引发了人们对气候变化的深思，治理雾霾成为中国居民最关心的社会热点之一，国内居民对环境保护的呼声越来越强烈。因此，居民对待气候变化的态度变化也是气候决策者在气候决策中不得不考虑的重要因素。

第五节　中国扮演的谈判角色与减排责任

中国在全球气候治理方面的地位不可或缺，在气候谈判中的态度也备受世界关注。参与国际气候谈判，对中国来说既存在机遇也面临挑战。一方面，我国是受全球气候影响最大的国家之一，尤其是西北生态脆弱省区，对气候变化反应尤为敏感，适应气候变化的能力较弱。尤其是进入 2014 年以来，中国大部分城市出现了持续的雾霾天气，给人们的日常生活带来极大的影响，国内控制环境污染的呼声越来越高。通过气候变化的国际合作，中国可以获得发达国家的技术和资金援助，进而遏制气候环境进一步恶化。另一方面，随着国际谈判的不断深入，发达国家和地区逐渐背离《联合国气候变化框架公约》最初确立的“共同但有区别责任的原则”，不顾发展中国家经济发展的现实需求，不断给中国施加减排压力，使中国在国际气候谈判中面临的政治压力越来越大。如何在国家内部与国际环境两个层面上进行“双层博弈”，在保障本国经济利益不受损害的前提下获得气候治理的最大收益是中国面临的最大问题。那么如何有效解决这一问题呢？以下途径也许能够发挥出显著效果。

其一，积极参与气候谈判，争取平等发展权利。国际合作是解决全球气候问题最有效的途径，但由于国际气候协议涉及各国国内的政治经济利益，发达国家企图否认其历史责任，要求发展中国家与其承担相同的减排责任，这无疑是对发展中国家发展权的一种侵犯与损害，只有真正体现公平的协议才能获得谈判各方的认可。全球气候属于典型的公共物品，每个国家甚至每个经济个体都享有平等的排放权，同时任何个体都不能脱离气候系统而独立生存，都要受气候变化的不利影响。因此，全球气候的公平性问题就成为国际气候谈判的核心，更是构建“后京都时代”国际气候谈判机制的关键。因此，体现公平原则的国际碳排放权分配方案正成为国际气候治理的重要形式。从目前中国所处的国内、国际环境来看，减排势在必行。但是，在气候国际治理情形下，中国承担减排责任的前提必须是实施体现公平原则的碳排放权分配方案。这里所说的公平主要是由于程序公平而产生的结果公平，即碳排放权的分配必须体现国家之间的差别性、历史责任性、现实需求性和人权平等性。

差别性是指在进行碳排放权的分配时，要充分考虑发达国家与发展中国家之间的经济差距。发达国家经过漫长的工业化积累了应对气候变化的雄厚资金和技术，可以较快地从高碳排放的发展模式中摆脱出来。相反，多数发展中国家尚处于工业化发展的初期阶段，高碳排放工业对其经济发展至关重要，需要有一个从粗放型发展模式向集约型发展模式转变的过程，而在这一过程中碳排放需求增加是不可避免的。历史责任性是指发达国家过去两百多年的工业发展是导致全球气候变化的主要原因，发达国家应首先承担其历史责任，充当减排的领头羊，成为气候治理的主要力量。气候问题不仅涉及代内公平还牵涉代际公平，即不同时间内的个体需承担必要的减排责任，我们今天的减排行动不仅要保护当代人的需求，更要不损害下一代满足其需求的能力，即《联合国气候变化框架公约》所确立的可持续发展原则。现实需求性是指相比发达国家而言发展中国家目前面临的最大的需求就是经济发展，而在经济发展与碳排放挂钩的现实情形下，发展中国家的碳排放需求必须考虑在内。人权平等性是指每个个体都对气候环境这一公共物品享有排他性的排放权，在衡量一个国家的碳排放总量的同时还要注重人均排放量的比较，以保证每个经济个体都享有平等的碳排放权和发展权。差别性、历史责任性、现实需求性和人权平等性是中国在参与气候谈判中必须始终坚持的原则，也是国内各利益集团共同利益的体现。因此，在国际层面，中国应在参与气候谈判过程中牢牢把握公平原则，从气候公平的平等人权和历史责任入手，在《联合国气候变化框架公约》和《京都议定书》框架下争取获得与发达国家平等的发展权利。

其二，利用国际机制、加强国际合作，促进国内低碳经济发展。发达国家的资金援助和技术转让一直是发展中国家在国际气候谈判中关注的焦点。《联合国气候变化框架公约》和《京都议定书》均规定发达国家有向缔约的发展中国家提供资金、技术援助以帮助其完成协议规定义务的责任。因此，利用国际机制，通过国际交流与合作，促进国内低碳经济的发展比一味地强调不承担减排责任显得更为现实。笔者认为，中国走低碳经济发展道路，应从以下几点做起。

（1）充分利用清洁发展机制加强国际合作，提高能源利用效率

能源安全问题是当今世界各国普遍关注的问题，欧美等发达经济体参与国际气候谈判的主要原因就是出于对本国能源安全的考虑。开发新能源、提高能源的利用效率是控制全球气候进一步恶化的有效途径，中国对能源安全问题也要引起高度重视。清洁发展机制（CDM）是《京都议定书》为了帮助未列入附件一国家的缔约方实现可持续发展而设立的三个灵活机制之一。其核心内容是发达国家通过提供资金和技术在发展中国家开展具有温室气体减排效果的项目来换取温室气体的排放权。从表面上来看，清洁发展机制更倾向于帮助发达国家完成减排指标，实际上清洁发展机制可以为中国等发展中国家提供部分资金和减排技术，帮助国内第三方利益集团开展低碳技术的研究与开发。中国在清洁发展机制建立初期曾持怀疑态度，认为清洁发展机制是为发达国家的减排服务的。但随着认识的深入，中国开始逐渐意识到参与清洁发展机制不但能给中国带来国外最先进的减排技术，还可以给企业带来一部分资金收益。截至 2014 年 4 月，国家发展改革委共批准清洁发展机制项目 5048 项，利用清洁发展机制参与国际合作成为中国减排的有效路径之一。

（2）利用碳排放交易市场

碳排放权的稀缺性使其具有商品的一般价值属性，因此《京都议定书》建立的国际排放贸易机制使得各经济体可以通过市场来获得额外的碳排放权。碳交易目前已成为欧美等国实现低成本减排的市场化手段之一。中国在北京、上海、天津、重庆四个直辖

市,湖北、广东、深圳等 7 省市也开展碳排放权交易的试点工作。截至 2014 年 5 月,除重庆以外全国 6 个碳交易试点累计成交额达 1.436 亿元,国内碳市场取得初步进展。但是,国内碳市场由于起步较晚,发展很不完善,存在制度和运行机制方面的缺陷,主要表现在以下四个方面:第一,好的市场不是设计出来的。碳交易市场也必须遵循市场运行的基本规律,运用“看不见的手”来实现碳排放权的有效配置。当然,这并不意味着政府在碳排放市场的建立中就无所作为。相反,政府的作用至关重要,政府在碳交易市场中的作用如同在商品市场中一样,主要是加强市场监管、平衡各方利益、加强法律和制度建设,为各企业创立平等的交易市场、防止道德风险和逆向选择等职责。第二,国内碳交易试点分散、市场范围过于狭小、制度不一,没有形成统一的区域性和全国性市场。市场规模影响资源配置的效率。如果碳交易只能局限于某一地区或某一省市,那么进行交易的市场主体就会非常有限,从而导致交易量下降,最终使得碳交易市场成为一座围城,进而造成稀缺资源的配置不能达到“帕累托最优”。解决这一问题的关键在于制度创新,加强碳计量研究,运用统一的规则计算碳排放空间和进行配额的分配,确保国内的碳交易在统一的制度框架内运行。欧盟和美国是最早开展碳交易的地区,在交易市场的建立与运行方面积累了丰富的经验,积极开展与欧美国家的碳排放交易合作项目,借鉴国外碳市场的成功经验。2014 年 5 月 20 日,中欧启动碳排放交易新合作。在新的项目下,欧方专家承诺将与中国 7 个试点地区分享欧盟建立碳市场的成功经验,为中国建立国家层面的碳交易体系提供资金、政策支持,包括向中国出资 500 万欧元、支持一些关键系统“模块”的设计,如设立碳排放上限、配额的发放、建立关键的市场架构以及设立监督、报告、核查与认证体系等。第三，交易市场主体缺位。中国多年来的粗放式发展导致国内多数企业参与减排积极性不高，进入碳市场进行交易的企业数额有限，影响了碳交易市场作用的有效发挥。第四，过去中国发展碳交易市场主要依靠清洁发展机制，但是2012年之后，《京都议定书》第一期承诺期限已经到期，清洁发展机制在走下坡路，需要一种全新的机制来代替清洁发展机制。自愿减排（VER）就是一种真正的碳交易产品，自愿减排是指个人或企业在没有受到外部压力的情况下，为中和自己生产经营中产生的碳排放而主动自愿从减排交易市场购买碳减排指标的行为（丁丁，2011）。自愿减排在欧美已取得较好的发展，可以为中国碳交易市场的发展提供良好的借鉴。

（3）积极倡导科学发展观，建立节约型社会

观念是制约政策有效执行的最大阻碍。多年来“以经济建设为中心”的思想，使得国内多数民众的环保和节约意识淡薄，参与环保和低碳经济发展的积极性不高。公民在衣、食、住、行上的减排行为能在很大程度上减少温室气体的排放。因此，加强舆论宣传，提高公民的环境危机意识，通过引导公民消费方式的转变促使更多的公民采取低碳生活方式是国内减排不可缺少的重要一环。同时，提高企业能源和环境意识，促使企业加入碳排放交易市场，增强国际技术转移与政策扶持，也是目前我们可采取的主要思路。

因复杂的国内、国际环境，中国在参与气候谈判的立场方面，需要综合考虑国内和国际两个方面的因素。对外，据理力争，努力维护本国应有的经济发展权利；对内，努力协调国内与温室气体排放密切相关的经济部门、第三方利益主体和普通民众三者之间的关系，调动国内所有主体参与减排的积极性。通过国内、国际双层

博弈加大获胜集合的面积，推进国际谈判进一步向前发展。

中国作为负责任的大国，降低温室气体排放不仅是对全人类未来高质量生活负责的表现，也是对本国人民生产生活长久可持续发展的一种责任体现。因此，中国减少温室气体排放不是别国强加给我们的，而是中国实实在在需要立刻就做的一件事，这是一件为了子孙后代长久可持续发展的民生大计，因此，对碳排放的约束是必要的且亟待解决的事情。中国的工业化高速发展起来了，但同时人民的生活环境受到了严峻挑战，秋冬之际北方大部分地区被雾霾笼罩，$PM_{2.5}$含量异常高，由此带来的呼吸道感染性疾病人数大量增加，从这一事件可以看出环境质量的改善迫在眉睫。

单纯依靠经济增长这一指标来衡量人民生活水平过于单一了，现在将环境等因素纳入国内生产总值增长的衡量中是必要且急迫的，因此“绿色国内生产总值”概念的提出是在新的情形下对经济增长的一种新的测度，这种测度更加全面且能够真正体现以人民利益为根本的理念。中国坚持绿色发展不仅是良性经济发展的一种模式，而且是对提高子孙后代生活环境质量的一种责任，因此降低碳排放等温室气体排放，是我们当前必须解决的问题之一。

中国减排行动对全人类的发展也有着积极作用，中国作为负责任的大国，一直致力于降低碳排放等温室气体排放。

第二章　中国减排行为的政策背景与意义

第一节　中国环境现状

对中国环境现状的分析和了解，有助于我们清醒地认识当前态势，为我们今后制定政策以及发展方向提供一定的理论参考。本书依托《2016 中国环境状况公报》的资料，从以下几个方面对中国环境现状进行描述。

一、大气状况

“2016 年，全国 338 个地级及以上城市中，254 个城市环境空气质量超标，占比达到 75.1%”。[①] 其中以$PM_{2.5}$为要害污染物的天数占重度污染物天数的 80%以上。由此可以看出，我们目前大气污染情况不容乐观，并且以$PM_{2.5}$为代表的污染物显示比较严重，这也是我们亟待解决的问题之一。

① 中华人民共和国环境保护部：《2016 中国环境状况公报》，中华人民共和国生态环境部网站。

2016 年环境空气质量较差的 10 个城市几乎全部集中在北方，这与北方较南方干燥也有一定关系，同时北方重化工业较多，污染也较为严重，再加之雾霾的污染。京津冀、长三角和珠三角地区城市优良天数与上一年相比有一定比例的上升。总之，我国空气质量局部地区在改善，但是总体形势依然严峻。

二、水资源状况

我国对 474 个城市开展了降水检测，大约有 20%的城市出现了酸雨情况，且我国酸雨情况总体为硫酸型，分布地区大体集中在长江以南以及云贵高原以东范围，可以看出我国酸雨分布较为集中，其覆盖的城市较多，近乎占到所有城市的 1/5，因此对于酸雨的防范和改善也应引起我们足够的重视。

针对淡水资源，112 个湖泊中，水资源质量较差类的湖泊占全部总量的 8%。地下水系统约 6000 个观测对象中，大约有 15%为极差级别，338 个地级城市中大约有 10%的城市饮用水不达标。由此可以看出，我国水资源状况总体情况有所改善，但局部指标仍不理想。对于淡水资源来说，一旦破坏了再复原，非常艰难，且目前人类尚未找到经济实用方法来展开对淡水资源的开发，因此面对人类生产生活需要，对淡水资源的需求已经非常紧张，而人为的破坏无形中加剧了这一情况的恶化，使得人类面临着非常艰巨的挑战。针对海洋领域，我国渤海近岸海域、辽东湾、胶东湾以及黄河口水质一般，东海、渤海湾以及珠江口水质差，而长江口、杭州湾以及闽江口水质极差。近年来我国海域水质总体质量保持较好，但由于个别地区经济的发展，使得诸如长江口等地水质较差，亟须改善。

三、土地资源情况

目前我国土壤侵蚀总面积达300万平方千米，其中水力侵蚀130万平方千米、风力侵蚀160万平方千米，可以看出我国当前土壤受外力作用破坏力度较大，且情况较为严重，不容乐观。我国耕地质量有将近1/3的土地较差，这一数据直观反映了我国粮食生产所面临的威胁，因此，对耕地资源进行保护是急迫且非常有必要的。

目前我国荒漠化面积260万平方千米，沙化面积170万平方千米，这一数据反映了当前我国土地受破坏力之大。所幸的是，我国荒漠化土地和沙化土地逐年在减少，这是一个非常乐观的趋势。

第二节　国外既有模式的运行

在减排问题上，西方国家对此关注得较早，对国外既有运行模式进行研究有积极的指导意义。

碳税的实施。发达国家针对二氧化碳等污染物的过度排放问题，采用税收手段来抵消这一行为的负外部性。诸如德国和美国，历史上都采用了税收的方法来治理环境污染问题，用税收手段来治污的初衷是抑制过量的碳排放以及解决环境问题。

碳市场的建立。将碳排放视为一种可交易的资源，并且提供相应的平台为这一交易行为创造条件。市场是解决资源配置最好的途径，通过给管控企业分发配额，并允许配额短缺的企业通过碳交易市场向配额多余的企业购买，这一措施一方面为企业排污额设定了上限，另一方面间接地鼓励了企业的技术革新。碳排放配额可以换来资本，将激励企业通过技术革新不断改进技术水平。

碳捕集、利用与封存（CCUS）的应用。碳捕集、利用与封存这一技术发展于20年前，最早由加拿大开发，对全世界而言是一门新的技术。其通过对二氧化碳的捕集，来驱油或者封存，以达到经济利用和降低碳排放的目的。有专家预测，仅靠碳市场的作用，碳排放在短期内仍旧无法大幅下降，并且很难达到《巴黎协定》所达成的共识。因此碳捕集、利用和封存的开发和研究对降低温室气体排放是一个新的利好消息。

第三节　中国环境规制措施与政策背景

一、中国环境规制措施

中国对环境问题越来越重视，从“限塑令”到碳试点的建立，可以看出国家以实际行动扭转当前的环境问题，这是一项长远的工程，需要全国上下共同参与。

2012年年底，中国开始建立局部碳交易市场，首批设立了7个试点省市，包括北京、天津、上海、重庆、深圳、广东、湖北等地，通过在试点省市建立碳交易市场，来约束二氧化碳的排放，并且企图寻求一种有效模式在全国推广开来。通过对这7个试点省市的分析可以得出，建立碳市场后，试点省市的碳排放量出现明显下降，可以看出碳交易市场的建立对降低温室气体排放有显著的积极作用。

根据中央政府文件，我国于2017年年底建立全国性的碳交易市场，碳减排目标城市的范围扩大到全国各省市，由此正式拉开全国范围内碳减排的序幕,通过对全国性碳交易市场的建立,我们一方面降低本国温室气体的排放量,为人民提供更加优良的生产生活环境;另一方面也为我国在国际社会上争取更多的话语权,为我国在国际气候谈判市场上争取更多的主动权。

二、中国环境规制措施的政策背景

中国环境规制的进程在加快,从政府建立 7 个试点碳交易市场到 2017 年年底建立全国性碳交易市场来看,这一时间只间隔了 5 年。中国在推进环境规制进程中,一方面国际社会对温室气体减排和环境问题越来越重视,《巴黎协定》的签署也使得世界各国紧密地联系到了一起,并达成了历史上最为严苛的减排计划。因此,在这一国际大背景下,我国积极推动减排措施有着良好的外部环境。

另一方面,我国对环境的关注度日益提高,对于提高环境质量有着积极的推动作用。因此结合国内外关于环境问题的关注,我国在推进环境规制措施过程中有着积极的行为态势。

第四节　减排措施的定性分析与选择约束

一、减排措施的定性分析

中国减排主要指的是减少温室气体排放,经环境领域专家测算,二氧化碳是最主要的温室气体,也是引发全球变暖的最主要气体。因此,在这一概念上,我们需要明确,减排实质上指的是减少二氧化碳的排放。

从市场角度来看,碳排放的减少通过市场的力量是可以实现的，碳交易市场的建立对于二氧化碳减排是一个有效的途径。在运转顺利的情况下，市场是调节资源配置最好的手段，将二氧化碳排放视为一种资源并允许其拿到市场上交易，这对于二氧化碳的消除有着积极作用。我们并不直接将二氧化碳排放拿来交易，而是通过给每单位赋予配额的形式，通过碳配额的交易来达到优化碳资源的调配目标，通过市场“看不见的手”调节各地的碳配额需求，将企业的冗余配额通过市场有偿交换给配额缺少的企业，通过控制配额总量的方法控制碳排放总量的减少。因此，市场是配置资源最好的手段，建立碳市场有着积极的作用。

从政府引导规制来看，政府在降低温室气体排放过程中始终扮演着“守门人”的角色。经济发展所引发的一系列负面问题，靠市场并不能够完全消除，甚至做不到朝着良性的方向发展，因此，政府在初期必须扮演着“引导人”的角色，对不良经济行为所引发的无序、非优环境结果，政府必须担负起重新制定有序经济规则的责任，使市场运行带来的负外部性能够得到最大限度的改善。从国内外经验来看，减排措施的实施均是在政府大力干预下得到了迅速的推广，并均对环境质量的改善起到了积极作用，由此可以看出政府引导规制的必要性和可行性。

随着经济的发展，人们对环境质量的要求越来越高，因此提高环境质量、降低温室气体排放是一项涉及民众利益的事，也是一项全民参与的事。当前，从新能源汽车的推广应用到便捷自行车出行的推广，绿色出行和低碳的生活方式正在普通大众中流行开来，因此减排措施的推广具有可行性。

二、减排措施的选择约束

经济发展与环境质量的选择逻辑。经济发展是保证人民物质资料丰富的有效可靠途径，是保证人民满足马斯洛需求关系最底层，最基本要求的重要途径，因此对经济发展所带来的环境问题我们应当用辩证的眼光来看待，不能因为其带来了负面影响就全盘否定其对经济增长的贡献。我们应当将经济发展与环境质量间的关系定位好，弄清楚这两者间的伦理逻辑关系是今后更好处理这两者关系的基础。经济发展并不绝对地带来环境质量的下降。反过来，环境质量对一个地区经济发展也有着相应的互动影响，对于资本、技术以及人力资本等附加值较高的要素资源而言，其对于流入地选择的一个重要因素就是环境质量的好坏，也就是说环境质量可以间接影响一个地区经济发展的质量和水平。如此看来，降低温室气体排放、提高地区环境质量在一定程度上受到经济发展的选择约束。

环境质量与人类发展的选择逻辑。环境质量直接影响到人类的生活水平，而人类发展对于环境质量的要求只会越来越高，因此其对环境质量的改善也会有积极的推动作用。减排措施的实施，对于人类发展是积极的正向影响，温室气体的减少以及环境质量的改善为提高人类的身体素质创造良好的外部环境，因此，对于环境质量改善而言，其对人类发展有着直接作用。而对人类发展来说，其对环境质量的要求会越来越高，并且对于上至国家倡导下至自身要求都会积极参与进来，从而调动全民的积极性，这一行为会直接推动环境目标的快速实现，最终实现两者的良性双向互动关系。

第三章　环境规制的开拓性措施与排污权交易的实证经验

第一节　认知偏差、要素禀赋下的环境产权鉴定

人类环境的日益恶化与变迁是21世纪人类社会要面临的重要问题，全球气候变暖成为人类所面临的巨大挑战，其导致的海平面升高以及物种的灭绝等对自然环境与人类生活环境会产生重要影响，因此，全球气候变暖也成为亟须研究与解决的重大问题之一。联合国政府间气候变化专门委员会第四次评估报告已指出，全球变暖的主要因素在于人类活动对化石能源的大量需求所产生的温室气体排放。而联合国环境与发展大会通过的44/228号决议明确表示，“全球环境不断恶化的主要原因，是不可持续的生产方式和消费方式，特别是发达国家的这种生产、消费方式”。而事实上，不论是生产者还是消费者，都应对其在经济增长过程中过度碳排放的“不理性”行为所造成的全球变暖负有责任。

在人类经济活动中，环境资源作为一种公共产品，具有典型的

非排他性。人类的过度碳排放行为所造成的负外部性与过高的社会成本对气候变化等环境问题造成了巨大的影响,可以说,环境产权规则不明晰是造成这一结果的诱因之一。

在市场经济的交易行为中,环境资源的稀缺性对减排资源的合理配置提出要求,而碳排放的负外部性、碳排放主体和受众的矛盾使产权制度的提出成为必然。一般来讲,对于外部性损害的补偿与救济而言,法律的发挥是不充分的,而就负外部性内部化的这一实现目的,事前规范性制度的确立与预防通常要比事后补偿更有效。因此,法律经常被视为一种促使效率最大化的激励机制。可以说,为应对与防范过度碳排放行为,从法经济学角度上来讲,对碳排放产权进行先期的法律规范则具有巨大意义。

因此,这里就碳排放主体的过度碳排放经济行为、这种行为下的碳排放主体与碳排放受众之间的环境产权选择作出论述。目前大多数关于碳排放行为与碳排放权的文献研究,主要针对行为与认知两方面来论述。在行为方面,针对碳排放行为与碳排放权的研究主要集中在碳交易层面上碳排放主体间的基于市场的产权交易与分配,而少有研究主体与碳排放受众之间的产权博弈与矛盾。在认知方面,现有研究大多为静态分析,主要集中在人类对"低碳经济"认知水平的提高以及在其中所扮演的角色定位。而本书的创新在于:其一,联结碳排放主体行为与主体自身认知的联系,从多角度分析碳排放主体的过度碳排放行为;其二,不同于传统经济学视角,运用"有限理性"下的行为经济学框架对碳排放主体进行分析,能够贴近现实,增强解释力度;其三,区别于静态分析,通过社会主体的认知演变过程与关于碳排放权经济行为真实的内生偏好性质,推导出碳排放产权保护规则的动态演化,看待具有时间序列性质的产权制度变迁，而静态分析不能满足碳排放主体现实中的动态经济选择行为。

一、对碳排放主体经济行为的解释

新古典经济学理论认为，当社会主体在其经济行为过程中，只有当成本小于其收益时，社会主体会出现违规非法行为。但是，此理论在解释人类碳排放行为时却会存在悖论：从短期来看，在唯“经济增长论”的过程中必不可少地会出现过度碳排放行为，这会对环境产生影响，对人类活动产生成本；从长期来看，发展低碳经济，兼顾经济发展与环境保护治理，会产生收益，从完全理性角度来讲，遵循长期发展，收益要远大于成本，但是在现实中却存在不遵循可持续性发展，经济发展“竭泽而渔”的现象，例如企业生产过程中的过度污染，高耗能产业为持有高额利润而扩大规模，避免产业升级等。这种现象就成为传统经济学框架下的一个悖论，而行为经济学却可以很好地解释上述问题，基于人的有限理性，行为经济学双曲线贴现模型具有时间偏好性质，具体表现为社会主体过分着重于短期内收益与成本的对比，而对于长期却缺少理性认识，其理论认为社会主体会存在一种短期“认知偏差”，而这种“认知偏差”却与其长期理性相背离，出现了时间不一致性。而这种结论恰恰可以解释社会主体在面对碳排放问题时的这种经济行为。因此可以说，新古典经济学的理性行为模型不符合实际情况的这种矛盾，主要体现在对未来环境的贴现上，其所运用的市场价值贴现率对未来的环境的收益—成本分析具有很大的局限性。

这里我们运用双曲线贴现模型可以很好地解释社会主体在短期内过度碳排放行为与长期生态保护意识这种背离的形成机制，在行为经济学框架下论证短期“认知偏差”与长期理性的对立统一。

社会主体在短期内环保意识薄弱,不注重可持续性发展,却过度重视经济增长与碳排放"密切联系"下可得到的即期收益,即短期内的经济快速增长,物质水平提高。企业生产者可以在短期生产过程中获取来自消费者的利润,而消费者也能以满足自身偏好进行消费;但与此同时却会产生长期成本,即全球性的碳排放过量与温室效应所造成的气候变化等社会成本与个人在碳排放过程中所存在的交易成本。社会主体经济行为的选择就在于其对即期收益与长期成本的对比权衡。其技术表达是将长期收益贴现为现值与即期收益进行对比。选取的双曲线模型就在于其相比较传统经济学贴现模型而言,贴现率不是僵化的固定值,而会随社会主体的心理与行为发生变化,更加真实地接近于社会主体,与传统经济学模型相比,其具有更大的技术优势与现实解释力度。

短期高贴现率与长期低贴现率的不规则时间偏好结构特征,其形成主体在于社会主体的短期"认知偏差"。双曲线贴现模型框架描述了其跨期效用结构,详见公式(3-1):

$$U(t,s) = U_t + \beta \sum_{s=t+1}^{\infty} \delta^{s-t} U_s \tag{3-1}$$

其中,社会主体行为的贴现因子设定为$\{1, \beta\delta, \beta\delta^2, \cdots, \delta^t\}$,第$t$期与第$t+1$期的贴现因子为$\delta$,而在第0期与第1期之间的贴现因子为$\beta\delta$。而$\beta$即是社会主体的短期"认知偏差",一般情况下,基于人类真实经济社会行为,认为$\beta < 1$。而β值越小,则说明社会主体的短视程度越高,反之则越低,若当$\beta = 1$时,认定社会主体不存在认知偏差,而此时,此模型将会得到与传统指数贴现模型一致的结果。

现假设社会主体存在0、1、2三期，即T=0,1,2。社会主体的碳排放行为将会在第1期开始进行，在T=1期时，社会主体决定是否进行碳排放行为。假设在一定范围内，经济增长是碳排放量的增函数，设碳排放量为x，而一旦选择进行碳排放行为则会产生即期经济收益$R(x)$，但是在T=2期时会产生成本$C(x)$，即在碳排放权交易问题上所产生的一系列交易成本（属个人成本）与碳排放所造成的温室效应及所造成的气候变化问题等社会成本。令$C(x)=s(x)+c(x)$，$s(x)$为生产者关于碳排放权的交易成本；$c(x)$表示碳排放过程中所造成的社会成本。

当社会主体在T=0期时进行策略计划时，只有当预期收益大于预期贴现成本时，其会产生碳排放行为，而根据双曲线贴现模型可知，当T=0期时，社会主体所面临的贴现因子结构为$\{1,\beta\delta,\beta\delta^2\}$，其在T=0期与T=1期的贴现因子（短期）为$\beta\delta$，在T=1期与T=2期的贴现因子（长期）为$\delta$。假设，在未进行经济活动时社会主体为理性的，即其在T=0期时从长远考虑应该发展低碳经济，注重人类的可持续性发展，即社会主体在T=0期认为其在T=1期时经济行为产生的机制为保护生态，克制过度碳排放，即认为预期贴现成本将会大于预期收益，详见公式（3-2）和公式（3-3）：

$$\beta\delta^2[s(x)+c(x)]-\beta\delta R(x)>0 \tag{3-2}$$

可简化为：

$$\delta[s(x)+c(x)]-R(x)>0 \tag{3-3}$$

即当$\delta[s(x)+c(x)]-R(x)>0$时，社会主体会遏制过度碳排放行为，树立生态意识，发展低碳经济，注重经济可持续性增长，因此这是社会主体在T=0期对长远规划的理性分析。

但是，当T=1期时，社会主体真正开始面临经济发展与碳排放行为时，此时其贴现因子的结构改变成为$\{1,\beta\delta\}$，在 T=2 期与 T=1 期之间的贴现因子（长期）变为了$\beta\delta$（短期），这时社会主体在 T=1 期仍然具备长期理性眼光的条件，如公式（3-4）所示：

$$\beta\delta[s(x)+c(x)]-R(x)>0 \tag{3-4}$$

即只要$\beta\delta[s(x)+c(x)]-R(x)>0$，社会主体仍然保持了 T=0 期的长时理性，公式（3-3）与公式（3-4）代表了社会主体动态一致性的认知，即会遏制过度的碳排放行为，注重经济可持续性发展。但在实际中，显然公式（3-3）与公式（3-4）的结果一致性要受到 β 的影响。

当$\beta=1$时，即$\delta[s(x)+c(x)]-R(x)=\beta\delta[s(x)+c(x)]-R(x)$。此时，社会主体行为具有时间一致性，其在短期与长期的认知水平与经济行为都会一致，此时，社会主体将始终是长期理性的，会抑制碳排放，为长远利益计划，促进经济的可持续发展。但是，在实际生活中，由前文行为经济学理论已知，社会主体具有短期“认知偏差”，即$\beta<1$，因此，$\delta[s(x)+c(x)]-R(x)>\beta\delta[s(x)+c(x)]-R(x)$，当$\delta[s(x)+c(x)]>R(x)>\beta\delta[s(x)+c(x)]$时，就会出现社会主体在 T=0 期与 T=1 期的动态不一致行为，T=0 期时具有长远规划，认为应减少碳排放，促进生态经济建设，可是在 T=1 期时，却违背长期理性，具有“短视”行为，过度碳排放的经济行为，促进短期内经济增长而不顾大局与长期规划。

通过数理演绎我们可得出以下结论：

（1）碳排放主体在长期经济行为中是理性的

环境问题已经引起人类的足够重视，而保护环境，降低温室效应，促进低碳经济发展是人类长期追寻的目标，低碳经济的建设对人类的发展是有利的。在碳排放主体发生经济行为时，其在经济建设过程中的利润主要来自收益超过成本的部分，即 $R>\delta(s+c)$。但由于在其经济行为之前，即 T=0 期时，社会主体尚未能身处经济行为过程中，无法或者很少可以感知到经济行为的激励机制，不会产生“当局者迷”的情况，即收益 R 显然较小；其在客观情况下，可以“旁观者清”地认识到生态破坏的危害程度，未来成本显现得具体而严重，即成本 C 显然较大，因此会形成 $R<\delta(s+c)$ 的情况。显然，碳排放主体不会过度产生碳排放致使气候变化，因此可以说其在长期行为中是理性的。

以上是基于理论的分析。而在现实中，自 1962 年《寂静的春天》作为人类历史上第一部对生态环境问题作出思考的书籍的出版，到 1972 年联合国《人类环境宣言》的发表，再到今天人们环保意识的逐渐增强与国家对生态经济建设的重视，从长期来看，人类社会对碳排放问题给予了极高的重视，对生态环境的恶化进行了长期的思考与行动。

（2）碳排放主体在短期经济行为中是非理性的

在碳排放主体 T=1 期真正从事经济行为时，此时便会存在系统的“认知偏差”，即 $\beta<1$，这是人“有限理性”与状态依存会出现的结果，此时，由于“认知偏差”的存在，人将会对未来成本进行低估，如莱布森（Laibson，1997）认为，若 β 取值为 0. 75 时，则未来成本 $\beta\delta(s+c)$ 就会大幅下降 1/4，与此同时，$R>\beta\delta(s+c)$ 就很容易成立，从而产生极大的经济建设与碳排放激励，碳排放过度的概率将会大大提高，产生过度碳排放。

在现实中，虽然从长期来讲人们的环保观念日益完善与处于上升期，但在实际的经济活动中却能发现，社会主体的经济行为依然存在过度碳排放的现象。人类活动造成碳排放持续增加，尤其在1970年至2004年间碳排放增加额达到70%。进入工业发展阶段后，经济快速发展的同时是碳排放的过度增长。

二、禀赋效应与产权制度的锁定效应

由于“认知偏差”的存在，导致碳排放主体的时间偏好不一致，使碳排放主体更趋于增加碳排放总量碳排放量的激励，由此也会产生环境的负外部性。环境资源作为一种公共产品，具有典型的非排他性，同时也具有“公地悲剧”的性质，从经济学角度来看，企业与个人在利用环境资源的过程中，由于环境资源的公用性质，其边际成本递减，而社会总成本却在超过环境自净能力的范围外边际递增，个人成本与社会成本的不一致性最终会导致负外部性，而环境资源配置的个人最优与整体社会的“帕累托最优”的不一致性将会导致整个环境问题更加严峻。

产权制度的产生正是解决环境外部性问题的必然做法。国务院发展研究中心课题组（2009）提出，“任何一个人均没有无偿对他人施加净外部危害的权利，或者任何一个人均有不无偿承担他人温室气体排放造成的净外部危害的权利”，因此，可以说，“互不产生净伤害”应作为碳排放主体与受众之间关于碳排放产权分配的原则。这一原则主要在碳排放主体与受众之间产生效应，受众拥有在良好环境生存的权利，而这一权利不能被碳排放主体所无偿占有与使用。同时有研究指出，产权在分配效应上如果排污企业所有者占有了全部稀缺性价值，那么社会公众将会遭受损失。事实上，全球性的生产者碳排放过量所引起的一系列社会成本增加及社会公众福利降低等问题并没有真正基于法律意义上的产权制度得以解决，对产权制度的建立尤其是解决其在碳排放主体与受众之间的利益矛盾冲突时具有必要意义。

根据前人研究，产权制度下的产权保护规则共有三种：责任规则、财产规则与不可转让规则。责任规则是指非产权持有者可以在不经过产权持有者的允许下使用其产权，但须通过法院认定支付其相应的价偿；财产规则是指除非产权持有者自愿，他人须经产权持有者同意可获得产权，并支付双方相应协商确定的价格，否则不得强制占有或转让；不可转让规则意味着即使产权持有者自愿同意转让产权，产权也不得被转让或出售。

针对碳排放问题，目前多数国家或经济体对碳排放的产权保护规则在实践中主要基于无产权保护规则或者责任保护规则。无产权保护规则即碳排放主体的无偿过度排放对环境具有负外部性，而这种外部性将由所有受众一起承担；责任保护规则即碳排放主体可以不经过受众的“允许”而使用受众对良好环境所拥有的产权，但是国家作为受众的委托人有权对其超标碳排放征收碳税或其他索偿措施。这是传统法经济学下的产权规则的实践方式，我们以模型结构与模型结论为基础，对这些措施进行分析，期望得到更好的产权规则管制。

我们先区分传统法经济学下的产权规则。在传统法经济学中，由于“理性人”基础假定，无论是碳排放主体还是受众都不存在“认知偏差”现象，即 $\beta=1$。在此基础上，碳排放主体的行为将会受到“成本—收益”的决策影响。而在决策过程中的实现路径将为长期存在的成本 C 通过贴现因子 δ 贴现，与短期收益 R 进行对比分析。因此，在传统法经济学理论下，往往碳排放主体的决策行为是由 R、C 与 δ 三个变量决定的。由于 δ 因子一般较为稳定，因此，碳排放监管部门主要通过 R 与 C 两个变量进行碳排放控制，同时这种“成本—收益”分析方法也是传统法经济学的分析方法之一。

这种分析方法具有其自身缺陷性：首先，政策依据与事实情况不符。基于产权责任规则可知，当国家对其超标碳排放采取征收碳税或其他索偿措施时，即通过增加碳排放主体的成本 C，增加主体的长期理性，以避免采取过度碳排放等措施。而从上文模型已知，碳排放主体可以认知长期成本大于短期收益，即 $\delta C>R$，即排放主体已经对长期理性与短期收益有了比较清楚与强烈的认知，因此，单方面仅仅通过强调其长期理性，是很难对其短期因"认知偏差"继而产生的短期行为产生影响。其次，政策工具的选择相对匮乏，实施效果有限。通过上文"成本—收益"分析可知，政策实施者只有控制 R 与 C 对碳排放主体进行限制，但是，基于目前的现实状况，由于对碳排放主体的碳排放无产权或具有产权责任规则下，碳排放主体可以不经过受众同意转让环境产权而对其"肆意"碳排放且不承担或承担较小社会成本，如此碳排放主体则占据主动权，其碳排放量或多或少取决于其自身的经济行为，因此政策制定者难以通过 R 对其进行控制，因此，政策实施者唯有一个可操纵变量 C，即社会成本，由此产生的政策可能具有局限性，并不能很好地控制碳排放量。最后，政策分析不考虑碳排放主体行为的时间偏好性质，难以真正符合真实情况。传统法经济学不基于人的"有限理性"而基于"完全理性"考虑，不承认主体行为因存在"认知偏差"而具有时间偏好性质，即不考虑 β 对经济行为的影响。

以上传统法经济学对碳排放主体的碳排放行为分析缺陷，不仅是其经济理论自身具有解释缺陷性，同时也与现实经济中所采取的产权制度息息相关。因此，传统经济学下无产权或具有产权的责任保护规则对其碳排放主体的静态分析不能满足碳排放主体的动态经济行为。

我们需要在行为法经济学框架下对政策管制进行进一步分析，我们优先对降低碳排放主体过度碳排放的短期即时收益$R(x)$进行分析。先暂不考虑责任保护规则，我们基于模型技术角度对其进行分析。假设碳排放主体的收益与成本以效用U的形式体现，则原双曲线贴现模型可扩展改写为：

假设碳排放主体准备在T=1期产生碳排放行为且碳排放量为x，并产生即期效用$U(x)$［即收益$R(x)$］，令$U'(x)>0$，$U''(x)<0$；其在T=2期产生成本$C(x)$，设为$C(x)=s(x)+c(x)=sx+cx$。（c为单位碳排放量社会成本；s为单位碳排放量的个人交易成本）；贴现因子β、δ等其他变量不变，则碳排放主体在T=0期的效用最大化目标函数为公式（3-5）：

$$\text{Max } \beta\delta U(x)-\beta\delta^2(s+c)x \tag{3-5}$$

由最优化一阶条件可详见公式（3-6）：

$$U'(x_1)-\delta(s+c)=0 \tag{3-6}$$

即如公式（3-7）所示：

$$U'(x_1)=\delta(s+c) \tag{3-7}$$

其中，x_1为碳排放主体最优的碳排放总量。

当T=1期时，碳排放主体的效用最大化目标函数见公式（3-8）：

$$\text{Max } U(x)-\beta\delta(s+c)x \tag{3-8}$$

由最优化一阶条件可见公式（3-9）：

$$U'(x_2)-\beta\delta(s+c)=0 \tag{3-9}$$

即公式（3-10）：

$$U'(x_2) = \beta\delta(s + c) \tag{3-10}$$

其中，x_2 为 T=1 期碳排放主体实际的碳排放量。

比较公式（3-7）与公式（3-10），由于 $\beta<1$，所以 $U'(x_1) > U'(x_2)$。由于效用函数是凹函数，所以 $x_1 < x_2$。由此可知，碳排放主体进行了过度碳排放。因此，产权制度中的基本前提即是需控制碳排放总量而通过法律手段抑制碳排放。设定碳排放总量 $x = x_1$，即将总量控制在主体具有长期理性时（T=0）的碳排放总量。如此则碳排放主体最大收益为 $R(x_1)$，通过产权立法规定的最大收益 $R(x_2)$，即起到了控制主体收益的目的。

在现实中，随着生态问题的日益严重，人们因此所采取的减排措施也相继实施，在控制与降低碳排放主体短期收益方面，主要采取的手段为碳税政策。碳税政策的实施是以环境保护为目的，“通过对燃煤和石油下游的汽油、航空燃油、天然气等化石燃料产品，按其碳含量的比例征税来实现减少化石燃料消耗和碳排放”。当碳排放主体有过度碳排放冲动时，过度碳排放的税额将会减少碳排放主体在其中所获的短期收益，以税收制度对其行为进行管制，通过控制碳排放主体短期收益的方式将会对其减少过度碳排放行为产生激励。中国的碳税政策不同于发达国家，我国作为发展中国家，经济正处于转型期，因此在此过程中过度重视经济增长而忽略生态建设是一种必然行为，中国的碳排放 85% 主要以煤炭消费的形式产生，属于“生存性排放”，因此，在此过程中过度重视经济增长而依赖于高耗能工业的发展将会导致恶性循环。所以，在征收碳税方面，中国在控制碳排放问题上迈出了第一步，将控制碳排放主体的短期收益，以短期经济的“阵痛”换取生态经济的长期发展。而在政策实施方面，我国对于生产排放限制等方面的生态问题立法为时较早,其中包括《中华人民共和国节约能源法》《中华人民共和国循环经济促进法》《中华人民共和国清洁生产促进法》等。这些政策措施对限制与规范生产企业和碳排放主体的短期收益,以及对其过度碳排放起到防范与激励作用。

接下来,对碳排放主体过度碳排放的长期未来成本 $C(x)$ 进行分析。此处行为经济学与传统法经济学分析与政策路径一致。由前文已知,长期未来成本 $C(x)$ 主要包括两个方面:其一为生产者关于碳排放权的交易成本 $s(x)$;其二为碳排放过程中所造成的社会成本 $c(x)$。其中增加社会成本 $c(x)$ 的政策结论已在上文传统法经济政策理论分析中阐述过,此处不再赘述,在此主要讨论交易成本 $s(x)$。自科斯(Coase)定理提出之后,交易成本成为产权制度研究中必然存在的问题,市场上极少存在交易成本为零的经济行为,当交易成本为正时其对初始产权的分配具有重要影响。根据前文所述模型已知,当据 $\delta[s(x)+c(x)]>R(x)>\beta\delta[s(x)+c(x)]$ 时,即碳排放主体的即期收益 $R(x)$ 处于区间 $\{\beta\delta[s(x)+c(x)],\delta[s(x)+c(x)]\}$ 中时,则其在"认知偏差"下会出现时间不一致的经济行为,出现过度碳排放的现象。因此,增加对碳排放主体的未来成本认知,增加其在 T=2 期所支付的成本,增加成本 $C(x)$,使得 $\delta[s(x)+c(x)]>\beta\delta[s(x)+c(x)]>R(x)$,当其收益 $R(x)$ 落到区间 $\{\beta\delta[s(x)+c(x)],\delta[s(x)+c(x)]\}$ 时,则会强化 T=1 期碳排放主体在 T=0 期的长期理性,控制其"认知偏差",避免出现时间不一致性。

关于增加碳排放主体"认知偏差"值 β 问题,在行为框架下,$\beta<1$ 的"认知偏差"是碳排放主体存在行为动态不一致的根本性原因,而在行为经济学理论中,对于"认知偏差"值 β 的改变与调

控主要通过“锁定”方式完成，锁定效应主要是指“为防止未来的相机抉择行为，社会主体或外力协助社会主体提前采取措施，利用惩罚机制来强制社会主体实施最初的计划”。一般地，社会主体存在$\beta<1$的“认知偏差”，而锁定效应的实施扭转了这种$\beta<1$的“认知偏差”，使β趋向于1，最终使社会主体在$\beta=1$中保持长期理性。因此锁定效应的实施可以控制碳排放主体的行为使其避免相机抉择而出现时间不一致的行为，保证了其在T=0期至T=1期的碳排放主体的原有计划路径。因此，通过模型技术上的锁定效应，增大碳排放主体的β值，扭转碳排放主体的“认知偏差”，使其从根本上改变碳排放过度的经济行为。

不论是碳排放主体还是受众，碳消费观念的落后与不适应社会经济发展是造成碳排放过度与生态问题的最根本问题。在现实生活中对消费者绿色消费观念的调查表明，有73.3%的人群不属于“绿色消费者”，生态消费观念普遍淡薄；从地域划分来看，有56%的农村居民绿色消费意识淡薄，而在大城市中这一调查显示结果只有18%，这说明农村地区的生态消费行为普遍落后于城市消费。同时在调查中还发现，绿色产品并没有成为大众消费者的特意选择；消费者绿色消费观念会受到收入约束限制；受教育的程度与绿色消费行为呈正相关关系等诸多结论。可以说，在绿色消费方面，传统社会观念与经济发展现状制约消费者的认知偏差程度β，使其注重短期利益而不能在消费时保持理性。因此，在消费者对认知偏差纠正过程中需要首先改变自身个人消费偏好。目前世界各国与社会组织都积极倡导“低碳经济”，个人在消费过程中，应积极从改变自身做起：避免对高耗能产品进行消费，例如对代步工具的选择，减少私家车的使用而多选择公共交通工具或自行车代步;夏季对空调的使用在不影响正常生活的条件下尽量减少使用;同时对于生产者而言,也应注重对未来能源的研究与使用,对使用煤炭、石油等高耗能产业进行升级等。

以上是基于行为经济学框架,通过模型技术手段分析改善碳排放主体减少过度碳排放量,发展"低碳经济"的经济行为解释,但是这种解释还需与现实相对应,使理性化的技术模型可以更好地解释现实。因此,在行为经济框架下,要对碳排放主体的动态经济行为作出解释,必须基于动态产权制度演化视角下的新的产权保护规则。而这种产权演化,与主体认知过程中的禀赋效应息息相关。

三、禀赋效应与新产权保护规则

马歇尔于1893年提出传统经济学意义上的价值评估理论,固定贴现值下的未来报酬决定社会主体对于财产价值的认知。因此可以说,由于偏好"外生"的假定,社会主体对于财产的价值认知不取决于其是否拥有财产本身,但是经研究发现,这种社会主体对于财产的估价与其对于财产的所有权是相关联的,放弃财产所有权的损失效用将大于其得到的收益效用,这种认知被定义为"禀赋效应"。"禀赋效应"与"认知偏差"一样,也是社会主体"有限理性"的反映。社会主体得到财产所获得的自我满足感要远大于失去它所产生的痛苦。而正是由于主体的这种有限理性下"厌恶损失"的存在,有学者提出,作为反映人类认知能力效能的法律,所提出的权利保护应该充分考虑禀赋效应。对禀赋效应弱的财产给予弱的权利保护,对禀赋效应强的财产给予强的权利保护。

禀赋效应与产权保护强弱的这种正相关关系要求其与所有权形式具有直接的关系,法律作为社会认知体系,其对于所有权的产权保护规则同样基于人类的认知过程。因此可得出的一个逻辑就是,当人的认知理性在变化的同时,作为法律则有必要与人的认知理性保持同步的变化。在碳排放权的交易过程中,碳排放受众具有禀赋效应。其对于“低碳经济”与可持续发展的生态理念与认知具有时间序列性质,早期碳排放受众并没有过多关注碳排放问题与“低碳经济”理念,因此,其对于拥有良好生存环境产权的禀赋效应弱。随着时间的推移,碳排放受众越来越重视维系自身更好的生存权利,认知到过度碳排放所造成的强烈的负外部性与社会成本,因此,其对于拥有良好生存环境产权的禀赋效应增强。这种禀赋效应意味着碳排放受众是由于“是否拥有对良好生存环境产权”而出现状态依存。这种状态依存具有时间序列性质,其所基于的碳排放受众的偏好在时间上的排序决定了其对所拥有的产权进行重新认知与定价的行为。而这种认知与行为将会影响对其产权保护规则的更迭。

在早期,碳排放受众对环境与生态存在“认知偏差”,其没有对过度碳排放所造成的负外部性社会成本产生正确理性的认识,因此受众对其被外部性侵占的——拥有良好生存环境的产权具有较低的禀赋效应。弱的禀赋效应决定了无产权保护规则,碳排放主体可以在无成本或者较低的成本之下(多为交易成本而无社会成本)“肆意”进行碳排放行为,较之于经济发展激励,会形成碳排放主体的过度碳排放冲动机制。当在一定程度上,受众可以预见未来碳排放成本时,禀赋效应有所上升,所决定的产权保护规则由无产权演化成为责任规则。即碳排放主体可以不经过受众同意而任意使用受众产权,但需要对此进行补偿。在受众委托人——国家的碳税或其他索偿模式的制度下,产权规则也随之发生了变化。

而随着时间发展过程中,受众开始纠正自身“认知偏差”,对过度碳排放有了理性认知与分析能力,对自身环境产权产生更强的禀赋效应,由于产权规则与这种禀赋效用具有正相关性,规则制度已经不能满足受众对环境产权的新禀赋效用,当受众增加了对环境产权的价值认知,对其失去的产权也会产生更强的负效用,因此,当碳排放主体需要使用此产权时需支付更高的价格与成本。这种模式的产生同时对新产权保护规则产生激励,禀赋效用导致受众一方的主观诉求大为提升,而碳排放主体则对不经允许而“肆意”排放的碳排放权利的主观价值感知大为降低,此时新的产权规则应运而生,即财产规则。新型控碳机制——《京都议定书》所提到的碳交易市场的建立正是基于产权规则所拟定实施的。明晰生产者各自碳排放权的同时可相互进行产权交易,共同减排增进社会福利。而随着经济的发展,“温室效应”所导致的气候变化,碳排放过度所造成的巨大社会成本与负外部性逐渐被人类所认知。碳排放受众对环境产权具有极强的禀赋效应,失去此产权负效用将巨大,因此碳排放主体需交换此产权而付出更高的价格,基于自身利益最大化考虑,越来越高的价格将会使碳排放权交易主体不断退出交易市场,最终将这种有悖于“低碳经济”发展模式的碳排放权利收回,即产生产权的不可交换规则以保护受众的环境权利,而这种规则的产生将使得碳排放主体转变经济发展模式,负外部性消除,社会整体进入“低碳经济”。当然,不可交换规则的产生是理想情境,离现实状况较远。

由此,受众的禀赋效应决定了产权模式的“无产权—责任规则—财产规则—不可交换规则(理想状态)”的转变。以下将基于行为经济学框架,通过产权制度演化对碳排放主体的锁定效应做具体分析，包括产权规则的演化对碳排放总量 x 的限定、产权规则的演化与交易成本 $s(x)$ 的增加。

对于前者而言，传统意义上的无产权或责任保护规则不能大范围有效控制过度碳排放，无产权时碳排放主体根本无须承担负外部性的社会成本，在交易成本极少的基础上达到经济利益最大化而进行过度碳排放。随着责任规则的产生，可以通过事后"惩罚"机制对碳排放主体的排放量进行一定遏制，但不明显，因为责任规则下碳排放主体可以事先"侵占"受众环境产权实施碳排放而事后补偿，这种模式下的碳排放主权仍掌握在碳排放主体的手里，当其利益最大化下的排碳量 x 决定的最优化效用 $U(x)$ 小于事后惩罚成本所产生的效用时，其碳排放量将会减少，而当其最优化效用超过事后惩罚机制下的成本效用时，其碳排放量将会增加，责任规则下没有任何机制可以锁定碳排放主体的过度碳排放冲动，其经济行为完全由自身利益最大化模式决定。而当产权制度演化为财产规则时，碳排放主体及受众之间都有责任明晰的产权，此模式下碳排放主体不能"任意"使用受众的产权，而需对其进行价格补偿，这样将会增加碳排放主体的预期未来成本 $C(x)$，可以有效控制碳排放量 x。

在现实中，人们对生态经济与低碳发展日益重视，环境产权在潜移默化的改变中也影响着碳排放主体的行为。在无产权状态的工业经济发展初期的过度碳排放，到如今国家正式的法律与地方性法规将保护碳排放受众的环境产权。例如澳大利亚新南威尔士州政府以法律形式明确碳排放监管主体，要求进入监管的碳排放参与者将他们产生或消费的温室气体严格控制在规定的总量范围内。而这一监管者角色由新南威尔士州独立价格和管理法庭

(IPART)担任。另外还有美国加州空气资源理事会等组织机构也将承担此类监管工作。另外,当今社会关于碳管理机制的流行做法——碳排放权交易市场的构建也正是基于这种模式。国际社会对低碳经济与碳排放权交易市场建立达成共识并签署《联合国气候变化框架公约》,并且在第三次公约缔约方会议上签署《京都议定书》,提议在建立全球范围与各国范围内的碳排放权交易机制中,首要问题就是对碳排放总量的限制。这种做法正是在碳排放过程中生产者与消费者之间的产权博弈演化而来的,具体就是由无产权向责任规则过渡所衍生的产物。而不可转让规则下更是对碳排放量的极端控制,这属于理想状态。

而针对产权规则的演化与交易成本 $s(x)$ 的增加来说,碳排放主体所存在的交易成本 $s(x)$ 具体可分为企业管理成本,监测、报告成本,核查成本与搜寻成本。而产权制度演化主要与其信息搜寻成本具有密切联系。在产权责任规则下,政府作为碳排放受众委托人角色与碳排放主体形成交易市场,碳排放主体针对政府的碳排放索偿机制将对其行为作出价格补偿,补偿价格由法院及其指示性法律文件作出规定。在既定情况下,供求双方的碳排放均衡价格由外生因素——法院决定,此时,交易中私人信息(政府)可以以极低的成本获得,因此碳排放主体不存在价格搜寻激励,交易成本极低,而交易行为也易于产生。随着受众禀赋效应增加,财产规则下,在碳排放主体与受众之间,主体不能再"任意"使用碳排放权,需要对受众进行价格补偿,但是禀赋效应的增加使得受众私人信息变得复杂,碳排放主体难以对其私人信息进行搜寻,因此其与受众之间难以形成共同的价格认知,市场机制的价格信号功能将大为减弱,当禀赋效应达到一定高度时,不可转让规则下所要求的价格补偿将趋于极大化。这种变化的、外生的禀赋效应要求法律给予环境产权以不同的保护规则,本质上反映了定价权的难易程度。定价权的难以制定将使碳排放主体的交易成本 $s(x)$ 会因受众私人信息的复杂程度的增大而增大,这种成本的上升,将使 R 碳排放主体收益 (x) 最终脱离区间 $\{\beta\delta[s(x)+c(x)],\delta[s(x)+c(x)]\}$,因此可以有效控制碳排放主体的过度碳排放量。

禀赋效应的增加与产权保护规则是相互作用的,禀赋效应增大促使产权制度演化的同时,制度的变化也进一步增加人的禀赋效应。其一,碳排放主体行为生产者的同时也具有消费者角色,社会整体对环境禀赋效应的增加也会促使其修正对环境长远理性与短期收益的认知偏差;其二,在产权制度演化下,对排碳总量 x 的限定与交易成本 $s(x)$ 的不断升高,使碳排放主体对在 $T=2$ 期发生的未来成本的认知能力得到进一步改进与修订。碳排放主体随时间发展会趋于理性,使得长期理性与短期收益可以统一,行为路径不发生改变,此时便对"认知偏差"β 趋于 1 且最终等于 1 产生要求,从根本上解决碳排放主体的"认知偏差"行为,做到动态一致性。我们也因此可以认为产权规则的演化提高了主体"认知偏差"β。

碳排放主体的认知水平与认知偏好决定碳排放主体自身的行为,这是无可非议的事实。作为市场参与主体的对象,这种有限性决定了市场不可能是自我完备与长期理性的,因此,法律规则的重要性不言而喻。在人类过度碳排放行为与控制防治这种碳过度排放的行为中,环境产权的明晰与规则保护在一定程度上对过度排放具有锁定效应。这种锁定效应能有效纠正碳排放主体的"认知偏差"。在这之中,不是传统经济学的静态分析,而是行为经济学的动态认知改变与禀赋效应演化，而这个条件为产权规则的演化提供了必然理由。产权规则下“无产权规则—责任规则—财产规则—不可转让规则”模式的演化机制，目前针对碳排放主体的行为控制与精准识别还存在诸多困难，但对其的认知与了解却为我国的政策制定与研究提供了分析基础。

第二节　排污权交易的演化机制

“温室效应”越来越为人们所熟知，过度的碳排放行为越来越受到国际社会与人群的关注，因为这已经成为人们在生态经济建设过程中无法避开的一个重要议题。有充分的证据表明，在人类活动日益扩大与增长的今天，地球的大气热量也同样以不可思议的速度在上升，人们在感到生存环境日益恶化的同时，却很少认真思考这一代价的来源——人类经济活动中竭泽而渔的过度碳排放行为。

温室效应与过度碳排放给人类社会与生态环境的影响是巨大的，最直接的影响就是海平面的上升与农作物的减产，而粮食问题却是人类所面临的最为直接与关键的问题。

之所以会使得人们产生过度碳排放的激励，主要在于一定时期范围内的经济增长与碳排放存在替代效应。在前人的研究中，有很多关于经济增长与碳排放之间关系的文献。这里主要基于经济理论基础开展对碳排放权问题的探讨以说明碳排放问题的内在运行原理与实施路径。并说明具有非排他性的“公地悲剧”的环境产权是否可以对碳排放行为起到约束与限定作用。政府在其中扮演着什么角色,碳排放市场的建立与实施是否可以对过度碳排放行为起到外部性内部化的规范与防治?

自工业革命以来,碳排放量随着人类活动的迅速拓展而增加,尤其是第二次世界大战之后,随着世界格局的基本形成与巩固,经济发展迎来了黄金时期,而这一段时期,也同样是滋养过度碳排放的温床。人们在构架经济社会的同时却忘记了其强大的负外部性所带来的破坏。

对于外部性,产权理论在理论范围内很好地对其作出了规范性限制与解释,自产权理论诞生至今,一直受到主流经济学家的热捧与研究,有巨大的理论贡献与推进作用,但是在现实问题的解释方面,产权理论的可操作性仍然值得商榷。因为这一理论的前提在于产权明晰,很显然,在很多公共品问题的解决方面,这一界定却存在极大的困难。其中典型的案例就是在碳排放过程中环境产权的界定与明晰。一般而言,环境属于典型公共品,其所有权在于大众而绝不在于少数实施过度碳排放行为的生产厂商。因此,在以前的关于环境产权问题的讨论方面与实施过程中,厂商对民众的过度碳排放都构成了“侵权”的问题,可是这一问题并没有得到解决,根本原因就在于公众对碳排放存在认知偏差与弱禀赋效应。在时间不一致的干扰下,人们往往过度关注于眼前的利益而忽视长期中所获得的利益,人们在短期中为了追求更高的经济效益与增长而不惜牺牲长期赖以生存的环境,因此存在偏离“完全理性”下的认知偏差,同样,正是因为这一因素的存在,才使人们认识到牺牲环境产权与得到良好生存环境间的效用差距并不悬殊,因此说明其存在弱禀赋效应,而这一认识根源一日得不到纠正,过度碳排放行为则一日得不到彻底解决。

而相对于民众而言，政府的关注点自然要比民众更远，具有微弱认知偏差与强禀赋效应，这也可以解释其在维护生态经济文明、提倡低碳经济方面始终扮演"守门人"与"先行者"的角色。从环境无产权下的厂商任意碳排放，到政府发挥干预作用，控制碳排放总量，积极明晰产权，已经体现出公众对公共品——碳排放权的认知纠正与效用增强。

从联合国政府间气候变化专门委员会对碳排放问题的公布报告，到《京都议定书》的签署，从哥本哈根气候会议，到清洁管理机制的策划与构思……政府在过度碳排放问题上扮演着越来越积极的角色。气候谈判成为国际组织或全球政府间统筹规划、一致解决问题的重要手段。在限制碳排放行为的过程中，在经过了政府出面对过度碳排放行为做规范性统筹与协调的同时，对于纠正人们认知偏差，增强禀赋效应也具有很大的影响。但同时，政府对于过度碳排放的政治引导与宣传依然不能改变过度碳排放行为。因为政府的具体管制对碳排放的限制性激励要远小于经济增长与利润获取给厂商们带来的激励程度。在公共品面前，政府失灵的经济现象时有发生，在面对碳排放权的问题上也毫不例外，因为在政府的计划体系与整体规划中，其不具备对碳排放主体产生影响与激励的功能，同样，政府对于碳排放行为管制包括征收碳税、限制排放总量与配额发放，可见政策实施的空间也较为狭小，其中所存在的时滞效应将会在狭小的空间内变得更加漫长，因此在有限的施政空间内无法有效率地完全控制碳排放的问题，因此，通过政府管制的手段是无法能够有效率地制止过度碳排放行为的。另外，对于通过政治手段解决过度碳排放问题还有一个短板即政策工具的单调性，碳税制度对于过度碳排放行为的控制与规范方面不具有约束力。

根据主流经济学家的观点,市场要比政府更有效率。戴尔斯(Dales)是最早提出使用市场机制来解决碳排放过量的学者之一,戴尔斯认为解决环境问题的最好方式就是通过产权方式来解决,目前,气候市场上最惹人关注的焦点就在于碳排放权交易市场的建立,此举在理论层面将有效率地消除过度碳排放,弥补政府失灵体制下的缺陷。其运行与发挥的内部机制却是将外部性内部化,充分发挥市场信号的导向作用,优化配置碳排放权资源,最大化避免过度碳排放行为。

但是反过来讲,现代化市场体系究竟能否承担起碳排放权自由交易机制的独立运作。在碳排放权的交易市场当中,配额问题一直是一个比较大的问题,在配额问题上,发达国家与发展中国家有巨大的差异与分歧,前者认为这是生产厂商的责任,而后者则更在意将其归入消费者的群体当中。另外,发展中国家属于经济发展的欠发达阶段,因此其将更少地参与节能减排的行为,可是这一选择会与发达国家产生分歧,而主要的分歧在于对排放公平问题的态度。因此,可以说,碳排放权交易市场在目前阶段并不能完全解释与接受碳排放权交易的运作。在必要的时候,还是需要政府的参与,在自由市场与政府干预中相得益彰,由此将会造成最低成本的过度碳排放。

公众的过度碳排放行为也经历了不同的发展过程。从开始时的环境“无产权”到政府干预再到最后的市场机制的配置,最终在市场与政府的联合管制与运行机制中得到最小化的过度碳排放行为。随着人们的认知纠正与禀赋效应的增强,公众的碳排放意识与生态保护行为也逐渐得到规范与修复。要想解决负的外部性问题，最根源的就是通过改变公众内心的效用函数从而根本性地避免“公地悲剧”这一现象。

第三节 碳计量的国际研究经验与借鉴

近年来，雾霾现象的出现严重影响了人们的身心健康，气候变化引起了诸多气象灾害发生，人类的生存发展面临着威胁。为此，建立低碳社会的呼声日益强烈。2011 年我国通过了“十二五”控制温室气体排放工作方案，明确了温室气体减排的总体要求和重点。碳排放权交易，让市场机制引领低碳经济发展，促进全球温室气体减排。据世界银行统计，2011 年全球碳交易市场总值 1760 亿美元，总量 103 亿吨。2013 年，我国初步建立碳交易市场；2016 年全国统一的碳交易市场启动。然而无论是温室气体减排还是碳交易，都与碳计量密不可分。碳计量即计算碳排放量，又称为碳核查或编制温室气体清单。通过碳计量获得碳排放的基础数据，可用来评价低碳经济的发展状况，反映节能减排的效果。碳计量在我国低碳经济发展过程中发挥着“眼睛”和“尺子”的作用（邓思齐，2013）。因此，掌握一定的碳计量方法是发展低碳技术、建设低碳经济、实现减排目标的关键和前提。在碳计量方面，我国的碳计量工作没有明确统一的标准，能源计量、消耗、碳排放量尚未建立完全、科学的计量考核体系。所以学习国际上碳计量的先进做法和经验，对于我国改善碳计量体系的现状，早日实现碳减排目标，有很大的现实意义。

由于碳计量在低碳经济发展中起着重要的作用，许多学者对此进行了研究。赵敏、张卫国等(2009)根据联合国政府间气候变化专门委员会(2006)指南中碳计量方法计算了1994—2006年上海市能源消费碳排放量。陈红敏(2011)认为国际碳核算主要分三种,分别是基于国家/区域的核算——《国家温室气体清单指南》、基于产品的核算——《商品和服务在生命周期内的温室气体排放评价规范》(PAS 2050)、基于企业/组织的核算——企业核算温室气体协议。白伟荣、王震等(2014)提到国际上基于生命周期法进行碳排放量的核算方法。目前,我国关于低碳问题的研究很多,但是对于经济活动产生的碳排放如何进行量化,还未形成比较成熟的体系、方法,需要进一步的研究。周军红、高富荣等(2013)认为,我国主要是参照ISO14064:2006,运用传统方法对碳排放源的用量进行计量,然后量化得到各种情况下的排放因子,从而估算排放量。陈建斌、刘辰魁、屈宏强等(2013)认为,我国已经做了国家温室气体清单编制,但是对于如何进行碳排放的量化仍然没有统一的标准和具体有效的方法。邓思齐(2013)认为,我国企业的碳计量观念还很薄弱,量化、管理工作缺乏统一标准和明确要求。然而国际上关于碳计量的方法较多。德拉克曼(Druckman)等、赫特威希(Hertwich)等提到了利用投入产出法量化碳排放的额度。杨子宾(2014)及计军平、马晓明(2011)提出了投入产出分析、生命周期评价及混合生命周期评价这三种主要的碳足迹核算方法。因此学习国际经验,补己之短,就显得十分必要。

一、目前国际上主要的碳计量方法

目前国际上主要有以下几种碳计量方法:系数法、缺省方法、部门分类核算法、生命周期评估法、实际测量法、茅阳—(Kaya)碳排放等式法。

系数法。系数法是在一定技术水平和管理下,生产产品所产生的碳排放量,主要用于能源碳排放量的计算上。计算公式为:碳排放量 $=K \cdot E$,K 为碳排放因子,E 为某一能源使用数量,计算时要折算成标准煤。不同国家、地区,碳排放系数可能不同。对于二氧化碳的碳排放系数,国家发展改革委能源研究所推荐值为 0.67,日本能源经济研究所参考值为 0.68,而美国能源部能源信息署参考值为 0.69,排放因子选择的不同会带来计量结果的差异。

联合国政府间气候变化专门委员会推荐缺省方法。该方法是根据能源消耗量估算碳排放量,主要是依据联合国政府间气候变化专门委员会(IPCC)《2006 年国家温室气体排放清单指南》第二卷,基本公式为:碳排放量=(燃料消费量×单位含碳量-固碳量)×氧化率×44/12。在这个过程中需要将燃料消费量转化为热量单位再乘以碳排放系数得出含碳量,含碳量乘以固碳率可得到固碳量,最终得出碳排放量。3.67 吨二氧化碳相当于 1 吨碳。联合国政府间气候变化专门委员会所推荐的方法是一种粗放的估算方法,其结果可能使碳排放量被高估。根据估算结果,了解企业的碳排放量。杨蕾(2014)认为,在衡量企业碳排放量时,采用这种估算方式可能会导致环境审查部门认为企业节能了,企业反而却耗能更多。

部门分类核算法与上述缺省方法不同,是以部门为基础,使用更加微观的数据。该方法对每个部门使用每种燃料单独计算并进行汇总得出每个部门的总排放量,然后利用同种方法将计算出来的每个部门碳排放量加总,得出总排放量。该方法计算起来比较繁杂,与缺省方法相比,工作量大得多,但结果更加接近真实排放量。我国以火力发电为主,利用煤、石油及其制品、天然气等燃料的燃烧。上述三类方法可以计算出能源碳排放量,部门分类核算法计算结果能减少统计差异,但同时也忽略了消耗其他资源所带来的碳排放量。

生命周期评估法(LCA)。生命周期评估法主要是指某种产品或服务在生命周期内对其碳排放量的估计方法。根据 ISO 14040,利用生命周期法进行碳计量的步骤有四个。第一步,生命周期评估法目标与范围的界定。即生命周期法评估的对象是什么,对哪些产品、服务进行评估。第二步,编制被评估产品的投入产出清单,列出初级、中间、最后过程的资源投入以及碳排放量。这个过程需要大量的人力、物力作支撑以获取较详尽的数据内容。第三步,影响评估,把采集到的数据与具体某个生命周期评估法关心的环境问题分别建立对应联系,并给不同的产品或服务的过程打分。第四步,解释说明,将清单分析及影响评估所发现的与研究目的有关的结果合并在一起,形成结论与建议。相对于联合国政府间气候变化专门委员会推荐方法,生命周期评估法是从更加微观的角度进行碳排放的计量,主要针对企业产品生产过程中的碳排放,因而有利于企业确定更细致的减排目标,制定更合理的减排方案,实施更有效的减排措施。

实际测量法。实际测量法是指借助国家许可的计量设备,通过合理化的监测手段,同时利用环保部门认可的测量数据,对生产活动中的碳排放进行准确计量。计算公式为:$G=K\cdot Q\cdot C$;其中,G 为某气体排放量,C 为介质中某气体浓度,Q 为介质流量,K 为单位换算系数。实际测量法的基础数据依赖于具有代表性的样本,比如说采用不同产业的大企业做样本,根据其实际排放量进行测试分析。理论上测算结果准确度高于联合国政府间气候变化专门委员会推荐的方法和生命周期法,但它需要长时间进行观测,实际操作十分困难。

茅阳一(Kaya)碳排放等式法。该方法由日本学者提出,反映了碳排放量与国内生产总值和人口间的关系。基本公式为:

$$\text{碳排放量} = \sum i \cdot C_i = \sum (i \cdot E_i/E) \cdot (C_i/E_i) \cdot (E/Y) \cdot (Y/P) \cdot P$$

其中,C_i 是 i 种能源的碳排放量,E 为一次能源的消费量,E_i 表示 i 种能源的消费量,Y 表示国内生产总值,P 则指人口。从该等式中可以看出能源结构因素、各类能源排放强度、能源效率因素、经济发展因素影响碳排放额度。能源结构因素 E_i/E 表示 i 种能源在一次能源消费中的份额,各类能源排放强度 C_i/E_i 表示消费 i 单位能源的碳排放量,能源效率因素 E/Y 表示单位国内生产总值的能源消耗,经济发展因素是 Y/P。目前,我国经济快速发展,因而国内生产总值很大,要减少碳排放量,必须提高能源利用效率,降低单位能源消耗。

二、碳计量的国际实践

诸多国际机构以及国家都对碳计量进行了实践和探索,美国能源信息管理局(EIA)通过各国统计报告、会议和机构报告、公开出版物等获得数据来源,利用联合国政府间气候变化专门委员会基准方法量化碳排放的多少。经济合作与发展组织、国际能源署(IEA)利用联合国政府间气候变化专门委员会基准方法以及部门方法核算碳排放量。世界资源研究所(WRI)利用气候分析指标软件(CAIT)和联合国政府间气候变化专门委员会基准方法,而气候分析指标软件主要还是依据联合国政府间气候变化专门委员会指南进行计算，所以世界资源研究所采用的数据核算方法还是联合国政府间气候变化专门委员会推荐的方法。当然，联合国气候变化框架公约国家温室气体清单计划小组也是利用联合国政府间气候变化专门委员会推荐的方法进行碳计量。总之，国际上大多数温室气体数据发布机构都是采用联合国政府间气候变化专门委员会基准方法进行碳核算，或者在此基础上加以改进。许多国家不仅在口头上倡导低碳经济，还从法律制度方面对碳计量进行规定和约束，甚至为森林、工业等分别选择了适当的碳计量模型与方法。英国是最早提出低碳概念、倡导低碳经济并为温室气体减排目标立法的国家。2008 年，英国第一部统一的强制性的碳计量标准得以问世——《商品和服务在生命周期内的温室气体排放评价规范》(PAS 2050)[①]，它是由英国环境、食品和乡村事务部与碳信托和英国标准协会(BSI)共同制定的。PAS 2050 利用生命周期法，对产品或服务各个环节核算碳排放量，得到了世界上许多国家、企业的认可。目前全球已经有多家企业根据 PAS 2050 标准进行了大约 75 种产品的碳足迹分析。早在 1998 年，加拿大就成立了国家气候变化秘书处，联邦政府主导，各级政府统一行动，联邦政府、各级政府、社会各界形成了一套较为完整的管理、决策、咨询和实施等方面机构组织形式，各阶层的协调管理使得气候变化战略得以有效实施，并进行公众评价、宣传教育、获取公众认可。加拿大林业碳计量模型根据联合国政府间气候变化专门委员会提供的关于碳计量测定的方法与政策，以站点尺度和景观尺度为模型框架，模拟森林管理和分析森林碳贮存量与碳含量变化情况的模

① BSI, PAS 2050: Specification of Project and Service Life Cycle Greenhouse Gas Assessment, 2008.

型,可以应用到同尺度的森林生态系统,包括林分尺度、景观尺度、区域尺度以及国家尺度(陈家德,2013)。2008 年德国针对食品、生活用品、电信、网络服务的部分产品进行了有关碳计量的试点工作。它由世界自然基金会、德国应用生态研究所及气候影响研究所等机构发起,10 家公司参与试点,以 ISO 14040 为基本准则进行核算。同年,德国可持续性建筑委员会(简称为 DGNB)又提出可持续建筑评估体系,计算出了建筑材料在生命周期内(生产、建造、使用、拆除及重新利用)的碳排放总量。

根据国际上碳计量的方法和发达国家碳计量方面的经验,我们提出以下建议:第一,提高公众环保意识,培育碳计量研究人才,促进碳计量技术创新,各级监管部门要强化碳计量的宣传,引导企业重视能源管理工作,将企业自身发展、利益与碳计量管理体系结合起来,促进企业进行自身碳排放的量化,制定碳减排策略。同时要将碳计量公众化,普及基础知识,发动全社会公民保护环境、发展低碳经济。此外,碳计量人才的培育不可或缺。壮大低碳经济研究者的队伍,组织人员培训、出国交流,学习国外低碳经济研究机构的经验,在掌握国际先进计量方法的基础上进行创新,已经成为我国未来碳计量的发展方向。第二,建立联动机制,加大政府投资,健全碳计量体系,发展低碳经济,科技研究人才的技术创新虽然不可或缺,但同时需要政府部门适当的政策引导,比如投入资金支持其发展、出台政策规范其行为。质监部门、环保部门应该制定相关的政策法规,加强监管。国际上,碳计量没有明确标准,为应对低碳经济的要求,我国需要加大资金投入,提高资金利用效率,在借助其他国家经验的同时,结合我国经济发展的现实特点,建立规范的、符合国情的碳计量标准。碳排放影响到我国在以后的联合国气候变化大会上及国际低碳经济秩序中的话语权,影响我国经济、外贸的发展。因此,我国需要在低碳经济、碳计量、碳减排等方面做进一步的研究。

第四节 排污权交易市场上对碳排放配额分配的比较研究

2015 年 11 月 30 日,第 21 届联合国气候变化大会(COP21)在巴黎召开,控制全球的碳排放等成为大会关注的焦点。目前解决碳排放问题较为有效的措施是通过建立碳交易市场,将碳排放的外部性内部化,用市场的手段来进行治理。而碳配额的分配作为碳市场交易机制的前提,对其分配方法的深入了解可以更好地把握市场机制的设计,同时也为以后新分配方法的创新提供相应理论借鉴。

一、国外主要碳配额分配方法

免费分配法。免费分配法即指政府通过核算,无偿分配给经济主体碳配额的方法,目前国际上主要包括两种:祖父法和基准线法。祖父法主要是依据经济主体的历史平均排放量来分配相应配额。英国在欧洲碳排放交易体系(EU ETS)第二阶段对控排设备分配配额时主要实施这一原则,其所获得的配额总量为:该设备的相关排放量除以部门中负有减排义务的所有设备的排放量总和,再乘以部门可分配的配额总量(刘明明,2012)。基准线法的思路主要是将某行业所有企业单位产品生产所产生的碳排放确定一个标准值或者标杆值,基于此并结合企业产量来分配相应配额。对于选择标准，一般选取其中前10%位或30%位作为基准线，目标企业可分得的配额为产量乘以基准线值。由于基准线对所有企业（设施）是同一标准，因而对企业（设施）而言减排幅度越大，从中获利越多。对于不适用于基准线法的产品，欧盟委员会在欧盟碳排放交易体系第三阶段对这类设施制定了其他具体测度标准（齐绍洲等，2013）。

拍卖法。拍卖法是指经济主体所获得的碳配额需通过拍卖方式有偿获得。欧盟碳排放交易体系规定从2013年开始的第三阶段，拍卖法将成为主要的碳配额分配方法。其中能源行业除供暖和高效废热发电企业外将全部以拍卖方式分发配额；对于可能出现的碳泄漏行业，其也提出了逐步提高拍卖比例的渐进式过渡方案，力争到2027年最终实现全部拍卖（熊灵，2012）。美国对于拍卖法的实施较欧盟渐进式的进程有所不同，其区域温室气体减排行动（RGGI）体系规定，所参与的州将各自制定好的碳配额数量放置在区域温室气体减排行动体系进行拍卖，所有接受控排企业（设施）均可购买这些配额以避免超过本州规定的排放上限（胡荣和徐岭，2010）。

混合模式。混合模式是免费分配与有偿购买的结合，一个交易体系在运行初期部分配额实行免费分配，部分实行有偿购买，二者的配置比例根据所建立的交易体系以及市场的成熟度等不断进行调整。新西兰对受到碳减排影响较大的行业实施免费配额分配，诸如碳密集型出口工业、渔业等，而其他大部分工业部门均需要通过市场购买获得配额（宣晓伟和张浩，2013）。美国加州碳排放交易机制同样以配额的免费分配和拍卖混合结合为基础，在初期实施免费分配，随进程推进拍卖配额比重逐渐增加，同时它对拍卖的配额设定了保留价格即最低价格,凡是价格低于或等于保留价格的将不会成交(王慧和张宁宁,2015),这也是该体系的一大亮点。

按固定价格购买。这种配额获取方式主要是经济单位按照固定价格向政府购买所需的配额数量。澳大利亚规定在2012—2015年间碳配额以固定价格交易,2015年以后实施浮动价格机制。在固定价格期,政府会对相应企业尤其是控排的出口竞争性企业发放一定的免费配额,当企业超出需要时,则向政府以规定好的固定价格购买所需配额量,而政府出售的碳配额数量不受到限制(梁悦晨和曹玉昆,2015)。

二、国内主要碳配额分配方法

历史法+基准线法。即依据目标企业碳的历史平均排放量,同时搭配基准线法原则来分配相应的碳配额。北京、上海、广东及天津主要采用这种方法来分配配额,不同省区市对这两种方法的计算方式有所差异。北京运用历史法来进行配额的核定主要基于企业的历史排放总量和历史排放强度,对于新增设施的二氧化碳配额依据基准法原则分配;上海运用历史法分配配额,主要依据企业历史排放基数、新增项目配额数和先期减排配额量来进行分配,而对于采用基准线法分配的目标企业(设备)实施一次性发放预配额,在各年度履约到期日前,根据企业实际排放量等对配额进行调整;广东在实施历史法时参考控排企业的当年度下降系数,对新建项目企业引入碳排放折算系数,实施基准法时引入当年度产量修正因子以及基准值;天津对电力、热力等控排企业依据基准线法分配配额,对钢铁、化工等工业类型以其历史排放作为依据采用历史法分配(李峰和王文举,2015)。

历史法+标杆法。这种方法是将历史法同引入标杆值的标杆法相结合，作为分配配额的依据。湖北是这一方法的主要实施者。对于采用历史法分配的企业，其年度初始配额等于历史排放基数乘以行业控排系数乘以市场调节因子，其中历史排放基数为企业基准年碳排放的平均值，行业控排系数是核定企业既有设施排放配额的参数，市场调节因子等于1减去上一年度市场碳配额存量在碳配额总量中的占比；对于采用标杆法的企业，其预分配配额等于上一年企业的碳排放量折半，在年终通过对本年度实际产量、行业标杆值以及市场调节因子的衡量，计算出对企业实际应当发放的配额量。

基准线法+博弈法。这是将基准线法和竞争性的博弈法相结合，其中博弈法主要思想是，政府掌握企业历史排放量后，按照行业类别、企业规模大小等标准将企业分组，随后依据每组内企业的历史碳排放量分配每组的总配额并制定组基准线值，以组为单位各家企业同时登录系统申报配额，系统依据一定标准自动分配配额量，接受系统分配的企业可以带着相应配额离开，申报结束。不接受的企业就组内剩下的配额总量进行博弈。深圳对电力、燃气、供水等管控企业进行预分配配额时依据行业基准碳排放强度和期望产量等因素确定；对其他管控企业预分配配额采取同一行业内企业竞争性博弈方式确定。

三、国内外配额方法比较

经过对现已实施的配额方法的简单介绍，可以看出国内实施配额分配的方式较国外有很大差别，但也有相似之处。我们主要从以下几个方面来具体对比国内外配额分配方法。

二者不同之处主要体现在实施的形式、配额调整机制的设置以及引入市场机制形式三个方面。国外在碳市场运行初期，大多实行单一的配额分配方法，即只采取一种配额分配方法贯穿始终；而国内试点的省份大多采取两种或以上的方法混合搭配进行。出现这一情况是由于国外早于国内推行碳交易活动，其运行初期并无可以参考的对象，故配额分配方法简单、单一，而中国在推进碳交易市场建立过程中，欧盟、美国、新西兰、澳大利亚以及日本等国家碳交易体系均已实施了几个阶段，相对成熟，中国可借鉴的对象和经验较丰富。而针对配额调整机制，国外在分配配额时大多采用一次性分配完所有配额的方式，比如日本。日本最早建立的环境碳交易体系，其中自愿碳排放交易计划（JVETS）实行政府通过补贴来支援企业进行减排，每个参与主体都会获得碳配额，多余的配额允许在市场上进行交易或者自留，缺少的部分也允许企业在市场上购买，但在最后期限企业若仍旧无法履约，作为惩罚则其必须归还政府补贴（徐双庆和刘滨，2012）。可以看出日本这一体系按阶段一次性分发完所有配额，辅之以政府的补贴支援来进行减排。而国内试点省市诸如湖北、深圳和上海，在配额分配上均设置预配额，即预先给企业发放部分的配额量，在年终再依据企业本年度碳排放总量计算出实际应发放的配额，在预配额基础上对其进行调整，多退少补。可以看出，一次性发放配额要求尽量完整地掌握企业的历史信息，同时对其未来的碳排放量要尽可能地预估准确。而针对引入市场机制来说，国内目前实施的配额分配方法，主体上是借鉴国外特别是欧盟的经验，在此基础上部分省区市也进行了相应的理论创新。较国外已实施的方法来看，国内将博弈法引入分配方法行列，使不接受自动分配的配额量的企业集聚在一起，就未分配出去的配额量进行博弈。可以看出，这样将企业推向了市场，通过市场机制来分配配额，可以真实反映供需关系及价格走势。由于部分省区市还处于试点初期，因而全面放开市场机制的运行还不甚成熟，故采用这种方法的仅有深圳市，且通过其分配方法的运行可以看出深圳市对此方法的实施也采取谨慎的态度。国外关于引入市场的方法是拍卖法，同样采取用市场机制来决定价格的方法，与国内不同的是，企业参与竞拍的配额不是未分配出去有余留的，而是全新投放市场未开始分配的初始配额。由此可以看出，国外竞拍配额的市场开放度比国内要广。

两者的相似之处在于初期主要以免费分配方法为主。不论是国外的诸如欧盟、日本，还是国内的试点省市，分配配额不论是实施祖父法，还是基准线法，初期均是以免费分配方法为主。之所以这样，一方面是因为可以减小企业抵制的意愿，提高其参与度；另一方面是能给企业安排并实施自身减排计划提供一个缓冲时间。吴洁等（2015）设置了四种配额分配情景，分别是配额均免费发放（S1）、能源行业免费，高耗能行业拍卖（S2）、能源行业一半免费一半拍卖，高耗能行业拍卖（S3）和配额全部拍卖覆盖所有行业（S4），通过研究发现，全国国内生产总值变化率在这四种情景下均下降，但S1下降幅度最低，表明免费发放使减排所付出的宏观经济成本最低。由此可以看出，对控排企业实施免费分配方法对国民经济、企业个体正向影响大于负向影响，对于免费分配方法实施的有效期限本书在此不做讨论。

四、实践分析

欧盟碳交易体系实践初期（主要是第一、第二阶段），90%以上的碳配额均采用免费分配法，在运行阶段的初期对提高企业减排积极性有正面意义。但是随着碳交易活动的进行，免费分配方法在一定程度上阻碍了碳市场的发展，由于企业获得的配额是无代价的，且欧盟在第一、第二阶段用此法分配了大部分配额，导致碳交易市场活力降低。同时，欧盟将碳减排控制总量权下放给各成员，即形成了国家分配计划（NAP），各成员为保护本国产业发展对其碳配额的申请审查较宽松，直接导致欧盟第一、第二阶段配额分配过量。这两个因素综合在一起使得欧盟碳交易价格在初期较低，因而对市场造成了一定程度的扭曲。鉴于前两个阶段的经验教训，欧盟在第三阶段对其碳排放交易体系进行了改革，包括大幅提高拍卖比例、取消国家分配计划并在欧盟层面统一制定排放总量等措施来纠正扭曲的碳市场。

澳大利亚在2012—2015年间，主要以固定价格出售碳配额且配额价格年均增长为2.5%，并最终敲定2015年前的每吨25.4澳元（陈晖，2012）。2016年之后进入浮动价格期，其设置了3年的浮动价格时间，由此往后再过渡到完全市场化。可以看出，澳大利亚政府对碳市场机制的设计较为谨慎，一直由政府管制到最终放开至市场化，在这种机制下，一方面碳交易价格避免了大幅度的起落，易形成合理稳定预期；另一方面，这种“循序渐进”的方法也使得经济主体有充足时间来调整减排计划。

新西兰2008年开始运行本国的碳交易机制，其实行免费分配法与有偿分配相结合方式，对出口企业发放免费配额力度较大。农业由于是新西兰的主要产业，为降低竞争冲击，故对其初期免费配额的发放也给予了较大倾斜，但自2019年起开始逐年核减。对于超过给定配额量上限的企业，允许其在国际市场上购买相应配额以充抵超出部分。由于对出口企业及农业分配了大量免费配额，因而新西兰碳排放交易体系（NZ ETS）对其冲击不大。同时由于新西兰碳排放交易体系允许与国际碳市场对接，其国内碳价也会直接受到国际市场的影响，2011年国际碳价低迷，新西兰受此影响由2011年的20新西兰元跌到7新西兰元，但新西兰政府依然继续开放本国市场。学者庞、邓和秋（Pang，R.Z.，Deng，Z.Q.和Chiu，Y.H.，2015）经过研究也认同竞争性市场的重要性，他们认为政策制定应该提高碳市场的竞争性，使所有冗余的配额都得以交易来达到“帕累托最优”。新西兰碳市场不断扩大其交易范围，引入更多竞争机制，一方面提高了本国市场的活跃度加速其成熟，另一方面与国际接轨也使得其自身体系日趋国际化，在世界碳市场上占据一席之地。

中国的上海、北京、广东和天津于2013年11—12月依次开始正式开放碳交易市场，均实行以历史法与基准线法相结合的分配方式，其中上海、广东、天津对电力行业一致采用基准线法原则来分配配额。由于电力行业是碳排放的大户，因而其减排潜力较大，故采用行业基准法可以极大鼓励企业采用新技术节能减排。由于试点省市给电力行业分配的免费配额量基本都在95%以上，因而目前电力行业减排速度较为缓慢，碳市场交易不活跃。对于历史法，北京和天津均将其运用到既有设施或产能上，对既有企业与新增企业实施不同的分配方案。这样分配的好处是一方面既有数据较容易获得，另一方面对新增与既有企业的划分避免了“一刀切”。湖北省2014年4月开始启动碳市场，其主要以历史法与标杆法相结合的方式来分配配额，除电力外的工业企业均采用历史法发放，电力企业采用历史法与标杆法结合发放，其中预分配配额采用历史法，事后调节配额用标杆法。湖北省初始配额分配整体偏紧，且采用“一年一分配，一年一清算”制度，对冗余配额采取收回注销方式以防止后续市场碳价产生剧烈波动。2014年，湖北省

138 家企业排放量下降 3.1%，9 个行业实现减排，且石化、水泥及食品饮料行业排放增长率分别下降 14.9%、5.5%和 1%（这 3 个行业排放量占控排企业总量的 26.3%）。从企业角度来看，其中有 81 家同比下降 1662 万吨，上述企业占控排总量的 59.9%。深圳市于 2013 年 6 月开始启动碳市场，主要采用基准线法与博弈法相结合的方式发放配额。基准线法涉及行业有电力、燃气、供水等，其他行业采用同一行业内重复性博弈方式确定配额。目前深圳市有 635 家控排单位，其碳排放总量约占全市的 40%，采取这一分配方式后与 2010 年相比，目前这些控排企业万元工业增加值碳强度下降了 33.5%。

通过对国内外已实施的碳交易配额分配方法的阐述和分析，可以看出各国实施的方法目前没有高度相仿性，这在一定程度上丰富了碳配额机制设计的内容，同时通过比较和实践分析可以看到各类方法的特点以及实施效果，对我国以后完善配额分配方法有积极的借鉴意义。我国计划于 2017 年建成全国性的碳交易市场，目前试点省市碳交易市场的运行也基本进入到第三年，碳配额分配依然是碳交易机制设计和完善中的首要考虑前提，基于此，并结合上述内容分析，本书在此提出以下建议以供参考。

首先，碳配额初始分配适时向市场化过渡。目前我国试点省市的碳配额基本都是免费分配，初期运行的这种特点近似于欧盟模式，因而在运行过程中对配额量的发放要控制好，避免冗余配额的出现以影响碳价和减排效果。同时，在适当时机要引导碳配额的分配走向市场，市场是资源配置情况最公平的反映，通过市场分配碳配额一方面可以使碳价最真实地呈现出来，另一方面为政府调控碳市场提供可靠信息依据。

其次，分行业实施不同的配额分配方法。不同行业对碳配额分配方法的敏感度不同，与其他行业相比，电力行业对碳配额权交易的实施较为敏感一些；类似，一国或地区支柱型产业对碳配额权交易的敏感度也较其他产业高，因而针对这一情况，初期对这类行业或产业应以免费配额分配为主，再逐步过渡到有偿获得配额形式，避免碳市场的建立对其产生毁灭性冲击。同时分行业实施不同的碳配额分配方法，是对控排行业能够进行更好测算而作出的符合现实情况的建议，对不同行业配额方法的匹配也应依据行业自身特点及可承受度来进行，这样使得配额分配尽可能达到理想效果。

最后，配额调整机制的设置。我国碳交易试点省市中对配额分配方法有一定的创新，其中配额调整机制的设计是亮点之一，通过先分配预配额，再依实际排放情况对预配额进行调整，这一配额调整机制的设置使得政府可以及时根据实际情况对市场现存的配额进行管理，避免碳价的过度波动，这对维稳初期建立的碳市场尤为重要。对于今后全面建立的碳市场，引入这一机制可以宏观地把握整个市场动态，加速市场成熟。

第五节　排污权交易的分配模式对碳排放约束的经验证据

中国作为最大的发展中国家，一直积极致力于环境、污染减排的治理，并于 2011 年批示 7 个试点省市建立碳排放权交易市场以约束碳排放活动。7 个试点市场于 2013—2014 年正式启动并运行至今，基于试点运行现状，这里主要从碳权分配的不同方式来考察其约束效果，意在探讨不同碳权分配方式的约束力度从而得出相对更优的碳权分配方式，为即将建立的全国统一碳市场提供借鉴。

一、中国碳权分配方式差异的理论分析

面对日益严峻的气候和环境问题，中国政府在 2011 年选取城市进行碳排放权交易试点。与欧盟的“多层治理结构”相类似，中国也有类似的治理结构，严格来说，中国存在着明显的“二层治理结构”。中央政府选取试点城市，而地方政府决定如何实施碳权分配。正是由于“二层治理结构”的存在，试点城市实施了不同的碳权分配方式，而这也为比较不同碳权分配方式效果提供了很好的实验，具体方法实施详见表 3-1。

表 3-1　试点省市配额分配方法

试点省市	分配方法		实施行业
湖北	历史法		钢铁、玻璃及其他建材、汽车制造、通用设备制造、石化、造纸、化工、化纤、有色金属和其他金属制品、医药、食品饮料、陶瓷制造
	标杆法（基准线法）		电力、水泥、热力、热电联产
上海	历史法		钢铁、石化、化工、有色金属、建材、纺织、造纸、橡胶、化纤、商场、宾馆、商务办公建筑、铁路站点
	基准线法		电力、航空、机场、港口
天津	历史法		钢铁、化工、石化、油气开采
	基准线法		电力、热力、热电联产
北京	既有设施	历史排放总量	制造业、其他工业、服务业
		历史排放强度	供热、火力发电
	新增设施	基准线法	金属或非金属矿物制品、火力发电、热力生产和供应、水泥制造业、高校和工程技术研发类、大型医院等

续表

试点省市	分配方法	实施行业
深圳	基准线法	电力、燃气、水务制造业、热力
	竞争性博弈法	金属压延与机械设备制造业、塑胶行业、食品饮料行业、通信行业、印刷行业等
广东	历史法	电力行业资源综合利用发电机组（使用煤矸石、油页岩、水煤浆等燃料）、水泥行业的矿山开采、微粉粉磨生产、钢铁短流程企业及石化企业
	基准线法	电力行业燃煤燃气纯发电机组、水泥行业熟料生产和粉度、钢铁长流程企业

资料来源：由笔者根据试点省市政府文件整理而得。

碳权交易之所以被广泛使用，主要是因为该方式对企业施加一定的碳排放约束，从而实现碳排放的减少。这种约束表现为“硬约束”与“软约束”。所谓硬约束是指企业所受到的碳排放标准的强行限制，而软约束是企业的自我约束或来自其他企业的外在约束。当然，硬约束与软约束之间存在一定的关系，在不同方式下，硬约束的水平影响着软约束的程度，软约束的结果决定着硬约束的水平。此外，对于整个社会而言，受约束企业的数量也直接影响碳排放的减少，而这个数量直接取决于纳入企业的标准。

就中国碳权分配方式来看，主要是历史法、基准线法和竞争性博弈法，试点城市依据自身的发展需求制定合适的碳权分配方式，均是基于上述三种方法的单一或复合混用，具体分析如下：

历史法是根据纳入企业的历史排放量来分配相应配额，完全依靠自我约束，并且该约束力存在着个体差异。管控企业在进行自我约束的过程中，并不需要考虑同行业其他企业的碳排放，此时企业受到的硬约束就是自身的历史排放量，它对应的配额发放依据表现为两种形式：平均历史碳排放量和最高历史碳排放量。显而易见，平均历史碳排放量对企业的硬约束要更强。

基准线法主要是选取行业中某家企业的碳排放量作为全行业的碳排放标准。由于信息不对称，企业并不知道最后哪家企业会成为未来选定的标准，但由于政府会提前规定行业基准的选择标准，因此明智的企业为避免超标会不断地进行自我约束。此外，企业还要考虑到同行业中其他企业的自我约束，他们相互影响着对方的排名，并共同影响着基准线的选择，因此这是一种双重约束。同时，基准线法又是一种局部约束，它只对超过标准的企业施加约束，对未超过标准的企业，外部约束几乎为零。

与基准线法和历史法不同，竞争性博弈法的设计和实施要相对复杂。它要求政府掌握企业历史排放量后，按照行业类别、企业规模大小等标准将企业进行分组，然后对各组分配固定碳配额。随后以组为单位各家企业同时登录系统申报配额，系统（政府）依据一定标准自动分配相应配额量，接受系统分配的企业可以带着相应配额离开，申报结束。不接受的企业就组内剩下的配额总量进行博弈，而方式主要通过价格，出价最高者将会得到企业想要的碳配额，基于此，无论得到多少碳配额，企业都将付出更大的成本。若企业不能准确估计自己所需的碳配额量或不接受系统分配的配额，都将存在着增加额外成本的风险，而正是由于风险的存在，企业将在自我约束的基础上考虑同组内其他企业的约束，以确保企业上报的碳配额与政府分配的碳配额相一致。

竞争性博弈法和基准线法既要受到自我约束，也要受到其他企业的外部约束，但基准线法的外部约束具有局部性，而竞争性博弈法不存在这个问题，原因在于它将同规模企业归为一组，同组内企业的排放量不存在明显差异，因此纠正了基准线法中将全部企业混在一起的不足，对企业所受到外部约束的局部性进行了调整。

综上所述，各种碳权分配方式对减排效果的差异主要源于其对企业所施加约束的差异，这主要来自企业所受到的硬约束与软约束的不同。经分析可知，企业所受到的软约束在历史法、基准线法以及竞争性博弈法中的作用逐步增加；而硬约束的大小在不同的方法间存在着较大的差异，也正是因为差异的存在，试图将历史法、基准线法以及竞争性博弈法的实施效果作出明确比较并不是一件容易的事情。

二、经验检验

基于以上分析可知，碳权分配方式效果的差异主要来自不同方式对企业约束力的不同，而这种约束力取决于企业所受到的硬约束和软约束，我们将从实际出发并使用现有的数据进行分析，以验证上述分析。

碳市场的比较。根据研究显示，试点省市由于采取了不同的碳权交易方式，企业受到了不同程度的约束，所以各个地区的碳排放量都在一定程度上出现了下降，但由于约束力度不同，地区间碳排放量下降的幅度以及时间存在着差异。与试点城市相比，非试点城市的企业并没有受到任何的约束，从而该地区的碳排放量持续地增加。因此，可以表明碳交易方式对企业所施加的约束是有效的，有力地减少了地区的碳排放，但由于约束力间的差异导致不同地区碳排放存在着明显的差异。

纳入标准的比较。基于以上分析可知，纳入标准的选择对于社会中受约束企业的数量具有重要的作用，进而减少碳排放量。我们选择了上海、深圳、北京、天津以及重庆五个试点城市，比较纳入企业标准的差异对减排效果的影响。结果发现，与其他四个城市相比，重庆市在实施碳权交易以后的碳排放减少量显著提高，远远高于其他四个城市。原因在于重庆市在纳入企业标准时主要考虑2008—2012年各企业的碳排放量，比其他试点城市考察碳排放的时期要更长。当然，碳排放的减少并不是由单一因素所决定的，可能还有其他的因素，如地方企业数量、经济发展程度等。

碳权分配方式的内部比较。上述我们分析了试点城市实施的三种主要碳配额分配方法，受到数据限制，这里只探讨历史法和基准线法的约束效果。我们选取天津和湖北作为比较对象，由于数据有限，在历史法下，我们选取石化行业进行研究；在基准线法下，我们选取电力、热力行业进行研究。这里计算出来的各行业碳排放量是一个近似值，但这并不影响我们的研究主题。

首先看在历史法下的内部比较：由于天津和湖北碳配额分配方法中都涉及历史法，因此我们选取这两个城市作为比较对象，研究它们2009—2014年石化行业碳排放趋势，结果发现，天津石化行业碳排放呈现明显的下降趋势，而湖北则显示出上下波动的不确定趋势。由此我们得出，在石化行业中，天津历史法对企业约束效果优于湖北，由此可以大致推断出天津历史法实施效果优于湖北。其主要原因可能是：天津根据历史法分配配额时，考虑到企业先期的减碳成效及其技术水平；而湖北省并没有纳入这些考虑。因此，相比较而言天津的设置更科学。

其次看在基准线法下的内部比较：对于基准线法的实施效果比较，我们同样选取天津和湖北，以2009年为起点，计算出2010—2014年每年碳排放增长率，再在增长率的基础上求每一年较前一年的增加值，最终根据碳排放增长率的增加值来进行比较研究2009—2014年电力、热力行业碳排放数值趋势。结果发现，湖北省在2010—2014年间，碳排放增长率放缓存在3个时间段，而天津市在这一时间段内，碳排放增长放缓存在2个时间段，相对而言湖北省的基准线法更有约束力。造成这一结果的主要原因可能有湖北省针对火电企业增发配额设置的标杆值为第50%位企业单位发电量的碳排放量，而天津针对电力、热力行业基准水平的确定依据2009—2012年单位产出碳排放平均值确定。

这里主要从约束力的视角从发，试图探讨不同碳权交易方式之间所存在的差异以及效果差异。分析表明，不同碳权分配方式间的差异主要来自该方法对企业所施加约束力的不同，会对企业行为产生不一样的影响，最终影响企业的减排效果。而约束力的差异取决于企业所受到的硬约束和软约束，正是由于这两种约束的不一致，所以想弄清楚不同方法间的优劣并非易事。但我们结合中国试点城市的数据，检验表明，企业所受到的约束对企业减排具有明显的作用，而纳入企业的标准差异，对整个社会的减排效果也有不同影响。为了说明其他因素对约束力及其效果的影响，我们需要进一步的证据来检验，但这为详细而准确地分析不同碳权分配方式间的差异及效果提供了一个崭新的视角。

第四章　碳排放下的环境规制与技术发展

第一节　能源约束下的中国环境全要素生产率提升

在能源环境约束上升等一系列挑战中，我国经济由接近10%的高速增长转入中高速增长阶段。面对实际经济增长速度的换挡，我国经济发展的结构调整和转型升级显得尤为重要。为此，“十三五”规划提出创新、协调、绿色、开放、共享的发展理念，从经济发展新常态的特殊要求出发，力寻经济增长新的有利突破口，提升经济增长质量，促进经济增长模式由粗放型向集约型转变，在现有能源环境约束下提升生产效率。作为推动经济增长的核心力量，全要素生产率（Total Factor Productivity，简称为TFP）对于促进新常态下的经济转型发展至关重要（蔡昉，2013；青木昌彦，2015），因此，对能源环境约束下我国的全要素生产率的探究具有重大现实意义。

所谓全要素生产率，是指在各种生产要素的投入水平既定的条件下所达到的额外生产效率。传统的全要素生产率通常只考虑单一的资本、劳动力等投入要素和国内生产总值等"好"产出，而忽略了伴随经济增长的非合意性产出，一些学者据此得出的全要素生产率所进行的经济效率评价及政策指导是有偏的、不科学的（郭庆旺和贾俊雪，2005；岳书敬和刘朝明，2006；胡鞍钢和郑京海等，2008；林勇和张宗益，2009；王志平，2010）。

为了深入、准确、真实地测度经济发展的全要素生产率，提升经济增长质量，助力经济、环境的可持续发展，学者们将能源、环境因素纳入全要素生产率的测算框架，并将其称为环境全要素生产率。从研究思路的发展历程来看，戈洛普和罗伯茨（Gollop 和 Roberts，1983）以及戈洛普和斯温兰（Gollop 和 Swinand，1998）将能源消耗、污染排放等与资本、劳动力一样视为投入，引入效率测度函数。由于与实际生产过程相违背，谢尔（Scheel，2001）将污染排放视为与"好"产出一致的期望产出，进行数据处理，导致模型只能在规模报酬可变（VRS）的条件下使用。经过不断的探索与创新，费尔等（Fare 等，2001）提出基于方向性距离函数，将污染排放作为非期望产出与期望产出一起引入生产过程，兼顾了经济增长和能源环境因素，在环境全要素生产率研究中得到了广泛运用。从研究方法来看，全要素生产率的测算主要有索罗剩余法、随机前沿生产函数法和数据包络法三种。索罗剩余法是由索罗于 1957 年在新古典生产函数的基础上最先提出，并得到了广泛应用，如叶裕民（2002），张军、施少华（2003），孙琳琳、任若恩（2005）等，但结论并不一致。随机前沿生产函数法包括前沿生产函数部分和非效率部分，通过估计随机前沿生产函数中的参数，算出全要素生产率。孔翔等（1999）、全炯振（2009）利用了该方法。但是该方法存在许多问题,如超越对数生产函数中的参数过多;忽视了不同时间经济发展的多样性。而数据包络法则无须考虑生产函数形态,可以研究多投入和多产出的全要素问题,并且投入产出变量的权重不受人为主观因素的影响,因此得到了广泛应用。

综上所述,环境全要素生产率的提出为转变中国经济发展方式,实现可持续发展提供了科学的方法论。笔者将考虑能源环境的约束,把碳排放作为"坏产出"纳入生产率测算模型中,构建非径向、非角度的方向性距离函数,并与全域马尔姆奎斯特(Global Malmquist)生产率概念结合,测算全域马尔姆奎斯特—卢恩伯格(Global Malmquist-Luenberger)指数用以描述全要素生产率的动态变化。

据此,本节将构建方向性距离函数对此问题进行相关探讨。规模报酬不变模型(CRS)是径向数据包络分析模型(DEA)的代表,但是对于无效率的决策单元(DMU)来讲,当前状态与强有效目标值之间的差距既包括等比例改进的部分,还应包括松弛改进的部分。基于此,汤高如(Tone Kaoru,2001)提出了方向性距离函数模型,库珀威廉等(Cooper William W.等,2000)定义了包含坏产出的距前沿最远距离(SBM)模型。具体见公式(4-1):

$$\min\theta=\frac{1-\dfrac{1}{m}\sum_{i=1}^{m}\dfrac{S_i^-}{x_{ik}}}{1+\dfrac{1}{q_1+q_2}\left(\sum_{r=1}^{q_1}\dfrac{S_r^+}{y_{rk}}+\sum_{t=1}^{q_2}\dfrac{s_t^{b-}}{b_{rk}}\right)}$$

$$s.t.X\omega+s^-=x_k$$

$$Y\omega-s^+=y_k$$

$$B\omega+s^{b-}=b_k$$

$$\omega, s^{-}, s^{+} \geqslant 0 \tag{4-1}$$

其中,θ 表示被评价决策单元的效率值,从投入和产出双重角度测算无效率状况,并解决了径向模型没有包含松弛变量的问题。在此基础上,本节将对全域马尔姆奎斯特—卢恩伯格指数进行测算。马尔姆奎斯特生产率指数起源于马尔姆奎斯特(Malmquist),春(Chung,1997)将包含坏产出的方向性距离函数应用于马尔姆奎斯特指数,得到马尔姆奎斯特—卢恩伯格指数。有学者参考同一全局前沿的马尔姆奎斯特指数计算方法全域马尔姆奎斯特模型。还有学者将全域马尔姆奎斯特生产率概念和方向性距离函数相结合构建了全域马尔姆奎斯特—卢恩伯格(Global Malmquist-Luenberger,简称为 GML)指数(Oh D.H.,2010)。在此,本书构建了考虑碳排放的全域方向性距离函数,具体见公式(4-2)和公式(4-3):

$$D^{G} = (x^{t}, y^{t}, z^{t}; g) = \sup\{y^{t} + \beta g_{y,} \ z^{t} + \beta g_{u} \in H^{t}(x^{t})\} \tag{4-2}$$

$$GML_{t}^{t+1} = \frac{1 + D_{0}^{G}(x^{t}, y^{t}, z^{t}, g)}{1 + D_{0}^{G}(x^{t+1}, y^{t+1}, z^{t+1}, g)} \tag{4-3}$$

将 GML_{t}^{t+1} 指数分解为效率变化指数(GEC_{t}^{t+1})和技术变化指数(GTC_{t}^{t+1}),如公式(4-4)、(4-5)和(4-6)所示:

$$GML_{t}^{t+1} = GEC_{t}^{t+1} \times GTC_{t}^{t+1} \tag{4-4}$$

$$GEC_{t}^{t+1} = \frac{1 + D_{0}^{t}(x^{t}, y^{t}, z^{t}, g)}{1 + D_{0}^{t+1}(x^{t+1}, y^{t+1}, z^{t+1}, g)} \tag{4-5}$$

$$GTC_{t}^{t+1} = \frac{[1 + D_{0}^{G}(x^{t}, y^{t}, z^{t}, g)] / [1 + D_{0}^{t}(x^{t}, y^{t}, z^{t}, g)]}{[1 + D_{0}^{G}(x^{t+1}, y^{t+1}, z^{t+1}, g)] / [1 + D_{0}^{t+1}(x^{t+1}, y^{t+1}, z^{t+1}, g)]} \tag{4-6}$$

全域马尔姆奎斯特—卢恩伯格指数反映了在一定环境规制下,当年全要素生产率与上一年的比值,若比值大于1,则表明该研究区间环境要素生产率得到了改善。我们进一步将全域马尔姆奎斯特—卢恩伯格指数分解为技术效率变化指数(GEC)和技术变化指数(GTC)。技术效率变化指数度量了全域技术效率的变化,如果指数值大1,表明当期的生产决策单元比前期更接近生产前沿边界,技术效率提升;技术变化指数度量了全域技术进步的变化,如果指数值大于1,表明在既定的投入向量下,生产可能性边界朝着生产出更多的国内生产总值和排放出更少的二氧化碳的方向移动,生产决策单元存在技术进步。

在理论模型基础上,我们以2000—2014年为研究区间,选取除西藏、香港、澳门、台湾外的30个省份为研究对象,进行实证检验,其中数据主要来源于历年的《中国统计年鉴》《中国能源统计年鉴》和各省统计年鉴。

一、碳排放量的测算

化石能源燃烧约占据碳排放总量的80%[①];水泥生产带来的碳排放超过了10%[②];化石能源燃烧和水泥生产成为中国碳排放的主要来源。故笔者借鉴李怀政、林杰(2013)、赵志耘、杨朝峰(2012)的方法,依据公式(4-7),从化石能源燃烧和水泥生产两个方面计算省级二氧化排放量。

$$CO_2 = \sum_{i=1}^{8} (E_i \times \theta_i) + CE \times \varphi$$

① 数据来源于国际能源署(International Energy Agency,简称为IEA)。

② 数据来源于美国橡树岭国家实验室二氧化碳信息分析中心(Carbon Dioxide Information Analysis Center,简称为CDIAC)。

$$= \sum_{i=1}^{8} (E_i \times N_i \times CC_i \times COF_i \times 3.67) + CE \times \varphi \quad (4-7)$$

其中，i 表示表 4-1 中列出的八种化石燃料；E 代表化石燃料的消耗量；CE 代表水泥生产产量；θ 和 φ 分别代表不同化石燃料和水泥的二氧化碳排放系数。N 是指化石能源的发热值，CC 是化石能源的含碳量，COF 是化石能源的氧化因子。

表 4-1　碳排放系数　　（单位：吨/亿立方米）

能源类别	煤炭	天然气	焦炭	燃料油	原油	汽油	煤油	柴油	水泥
二氧化碳排放系数	1.776	21.67	2.848	3.064	3.0665	3.045	3.174	3.15	0.496

资料来源：由笔者整理所得。

二、投入产出变量的选择

首先，投入变量。

能源消费：将各类能源消费统一折算成标准煤加总而得。

人力资本存量：笔者借鉴岳书敬、刘朝明（2006）的方法，利用平均受教育年限法计算人力资本，对 6 岁及以上人口按受教育程度区分，未上过学（0 年）、小学（6 年）、初中（9 年）、高中（12 年）和大专及以上（16 年）来计算各省平均受教育年限，再乘以从业人员数目得到人力资本存量。

物质资本存量：借鉴张军、吴桂英和张吉鹏（2004）的测算方法，以 2000 年为基期，折旧率为 9.6%，初始资本存量用固定资产总额除以 10%来计算。

其次，产出变量。

期望产出：各种能源、资本和劳动要素的投入是为了促进经济的发展，故笔者将各省份年度地区生产总值作为期望产出变量。考虑到研究可比性，将地区生产总值全部按照 2000 年的可比价格进行折算。

非期望产出：2016 年国务院印发的《“十三五”控制温室气体排放工作方案》中提到，到 2020 年，单位国内生产总值碳排放比 2015 年下降 18%，碳排放总量得到有效控制，可见，加快绿色低碳发展已经成为我国的主要发展任务。为了准确度量现阶段我国低碳经济发展效率，笔者将碳排放量作为非期望产出的唯一变量。具体变量统计特征见表 4-2。

表 4-2 变量的统计特征

变量	单位	均值	标准差	最小值	最大值	样本数
能源消费总量	万吨标准煤	10221.84	7385.597	479.95	38899.25	450
人力资本存量	万人	20408.66	13749.71	1746.983	59342.12	450
物质资本存量	亿元	22471.37	19841.79	1569.7	118876.4	450
GDP	亿元	8887.078	8773.572	263.68	51278.05	450
碳排放量	万吨	28059.8	22406.18	855.3985	124006.7	450

资料来源：由笔者计算所得。

三、实证结果分析

我们基于 MaxDEA 软件，分别测度了规模报酬不变（CRS）和规模报酬可变（VRS）假设下的绿色全要素生产率及其分解指数。由于规模报酬不变假设没有考虑不完全竞争、外部性，所以当规模报酬不变假设和规模报酬可变假设下的值不同时，以规模报酬可变假设下的结果为准。全要素生产率指数描述的是一种动态变化，在上述规模报酬可变的假设下，我们将分析环境全要素生产率变动趋势、来源以及对经济增长的贡献率，并进一步探究环境全要素生产率增长的影响因素。

环境全要素生产率的变动趋势。我们计算了2000—2014年环境全要素生产率指数的变化趋势，结果发现，东、中、西部的全要素生产率变化趋势与全国具有一致性，表明国家宏观政策对绿色经济增长的引导作用；区域环境全要素生产率变化呈现出东部高于中部、中部高于西部的阶梯形差异特征，表明经济发展水平与环境全要素生产率增长息息相关，经济发展水平高的区域全要素生产率增长快。2000—2002年，我国关闭了大量小煤矿及小火电企业，引入了现代企业制度，对能源资源价格进行市场化改革，提高了资源配置效率，节能减排效率得以提升，碳排放量增长速度下降（陈诗一，2009；匡远凤和彭代彦，2012），故这一时期环境全要素生产率增速明显上升。2003年、2004年碳排放量更是以超过16%的速度迅猛增长，引发了环境全要素生产率增速的下降。2006年我国“十一五”规划将单位国内生产总值的能源消耗降低20%、主要污染物排放总量减少10%纳入经济社会的发展目标。2007年在发展中国家中第一个制定并实施了应对气候变化的国家方案。这一系列措施有效缓解了2006年、2007年碳排放的迅猛增长趋势（2006年增速下降至9.725%，2007年进一步下跌至6.709%），这两年的环境全要素生产率增速上升。2008年全球性金融危机发生，国内外需求萎缩，经济增长率明显下滑，能源消费增长率显著下降，碳排放量增速跌至0.994%，环境全要素生产率大幅下跌。2009年确定了到2020年单位国内生产总值温室气体排放比2005年下降40%—45%的行动目标。2009年、2010年我国的碳排放又出现了一定的增速放缓趋势（2009年增速下降到4.423%，2010年为7.208%），环境全要素生产率有明显回升。2011年4月国家施行了更严厉的环境保护标准，碳排放呈现低速增长，对应的环境全要素生产率在波动中上升。以上分析表明，环境全要素生产率增长与碳排放、能源消耗联系密切，将碳排放作为非期望产出用于全要素生产率的测度是合理的。同时也表明，我国在享受经济增长成果的同时，还要加强环境的治理和监督，这样才能进一步提升经济增长质量。

环境全要素生产率指数及其分解。表4-3揭示了考察期内平均全域马尔姆奎斯特—卢恩伯格指数及其分解指数。从全国角度看，考察期内全国环境全要素生产率实现了0.925%的增长，与匡远凤、彭代彦(2012)，田银华、贺胜兵(2011)的研究结果十分接近。从分解指数看，全域技术进步指数为1.018451，增长1.845%；全域技术效率指数为0.990967，下降0.903%。说明全域技术进步效率呈改善状态；而技术效率呈恶化状态；我国环境全要素生产率的增长主要由技术进步推动，“波特”假说得以验证。

分地区来看，东部环境全要素生产率增长率为1.9134%、中部为0.7271%、西部最低为0.114%；主要由技术进步推动，技术效率呈现出退化状态；故技术效率的提升是当前全国乃至各区域环境全要素生产率进一步增长的关键。考察期内全域技术进步指数从高到低排列为东部、中部和西部，说明在2000—2014年间，东部发达地区已经意识到资源环境对地区经济可持续发展的重要性，力图加大研发投入、引进外资促进技术创新，实现技术进步，提高生产效率，降低能源消耗(颜洪平，2016)。西部地区地处中国内陆，基础设施建设落后，不利于外资引入，自主研发能力不强；抑或为了吸引外资，产生“竞次”效应，造成吸引外来资本的恶性竞争；同时考虑到政府投资拉动的有限性，使得西部主要依靠吸收、学习东部技术实现技术进步。

从省际角度看,大多数省份环境全要素生产率呈现改进状态。海南、青海由于技术退步出现环境全要素生产率下降,虽然绿色环保旅游业支撑着海南和青海的经济发展,结构上有利于节能减排(屈小娥,2012),但全域马尔姆奎斯特—卢恩伯格指数是相对指标,与其他省份相比较,海南和青海的技术条件较弱,绿色全要素生产率出现下滑。而吉林、云南、宁夏、广西、内蒙古则由于技术效率退化使得环境全要素生产率下降。吉林位于东北地区,是重要的工业基地,产业结构有待继续调整,资源利用率和生态环境有待改善。云南、宁夏、广西、内蒙古地处西部,技术效率水平不高,低碳经济发展迫在眉睫。绿色全要素生产率指数排名的前五位(北京、上海、江苏、广东、天津)均是东部省份,其中江苏、天津的环境全要素生产率增长依靠技术进步和技术效率共同推动,北京、上海、广东主要依赖于技术进步,技术效率没有明显变化(见表4-3)。

表4-3　考察期内平均全域马尔姆奎斯特—卢恩伯格指数及其分解项

省份	全域马尔姆奎斯特—卢恩伯格指数	技术变化指数	技术效率变化指数	省份	全域马尔姆奎斯特—卢恩伯格指数	技术变化指数	技术效率变化指数
北京	1.039843	1.039843	1	湖北	1.021658	1.019534	1.002084
天津	1.026948	1.022955	1.003904	湖南	1.010541	1.02062	0.990125
河北	1.008744	1.018364	0.990553	四川	1.0137	1.021058	0.992793
辽宁	1.009044	1.035784	0.974184	重庆	1.012391	1.011506	1.000874
上海	1.03805	1.03805	1	贵州	1.017471	1.011344	1.006058
江苏	1.037077	1.029198	1.007656	云南	0.986072	1.01997	0.966765
浙江	1.024414	1.027338	0.997154	陕西	1.010448	1.017368	0.993198
福建	1.007228	1.02599	0.981713	甘肃	1.003325	1.005078	0.998256
山东	1.016815	1.026493	0.990572	青海	0.981098	0.981098	1

续表

省份	全域马尔姆奎斯特—卢恩伯格指数	技术变化指数	技术效率变化指数	省份	全域马尔姆奎斯特—卢恩伯格指数	技术变化指数	技术效率变化指数
广东	1.028049	1.028049	1	宁夏	0.986972	1.010359	0.976853
海南	0.974258	0.974258	1	新疆	1.005734	1.01913	0.986856
山西	1.003263	1.012275	0.991098	广西	0.995846	1.017674	0.978551
吉林	0.999299	1.014684	0.984838	内蒙古	0.999483	1.032776	0.967764
黑龙江	1.001512	1.018989	0.982849	全国	1.009251	1.018451	0.990967
安徽	1.010298	1.015468	0.994909	东部	1.019134	1.024211	0.995067
江西	1.006272	1.02364	0.983033	中部	1.007271	1.017827	0.989633
河南	1.005328	1.017407	0.988128	西部	1.00114	1.013396	0.987997

资料来源:由笔者计算所得。

环境全要素生产率增长对经济增长的贡献度分析。由表4-4测算结果可见,全国平均环境全要素生产率变动对经济增长的贡献率仅为9.3852%,不足1/10,反映了目前中国经济的增长模式仍然是以牺牲环境为代价的粗放型增长。从区域角度来看,环境全要素生产率变化对区域经济增长的贡献程度存在着显著差异,西部贡献率最低,为0.78%,不足1%;中部居中,为6.22%,低于全国均值;东部的贡献率最高,达到16.56%,说明区域经济增长仍然属于要素驱动下的粗放型,由要素驱动向创新驱动的转型仍任重道远。从省际角度来看,北京、上海的贡献率最高,超过35%。江苏刚达到30%,广东、浙江低于25%但超过了20%;天津、湖北、贵州、山东、四川的贡献率介于10%—20%之间。以上省份的环境全要素生产率增长对经济增长的贡献率相对较高;其中大多数为东部省份。重庆、湖南、安徽、陕西、河北、辽宁、福建、新疆、江西、河南、甘肃、山西、黑龙江这13个省份环境全要素生产率对经济增长的贡献率介于1%—10%之间。而内蒙古、吉林、广西、宁夏、云南、青海、海南这7个省份环境生产率增长明显落后于经济总量增长，导致环境全要素生产率对经济增长的贡献率为负值。值得注意的是，北京（37.95%）、上海（36.69%）、江苏（30.21%）这3个省份环境全要素生产率的生产率贡献份额都超过了30%，远高于全国以及各区域的平均水平，这说明经济发展水平高的省份其经济增长模式更趋近于集约化。

表4-4　环境全要素生产率增长对经济增长的贡献率　（单位：%）

省份	贡献率	省份	贡献率	省份	贡献率	省份	贡献率
北京	37.95	广东	24.20	湖南	8.98	新疆	5.42
天津	18.58	海南	−23.10	四川	11.26	广西	−3.51
河北	8.16	山西	2.89	重庆	9.52	内蒙古	−0.34
辽宁	7.84	吉林	−7.84	贵州	14.85	全国	9.3852
上海	36.69	黑龙江	1.42	云南	−12.92	东部	16.56
江苏	30.21	安徽	8.72	陕西	8.18	中部	6.22
浙江	21.74	江西	5.25	甘肃	3.01	西部	0.78
福建	6.09	河南	4.63	青海	−15.51		
山东	13.84	湖北	18.44	宁夏	−11.42		

注：借鉴吴延瑞（2008），金春雨、王伟强（2016）的研究方法，本表中的贡献率表示各省份绿色全要素生产率增长占实际国内生产总值增长的比重，是历年贡献率的几何平均值。

资料来源：由笔者计算所得。

环境全要素生产率的影响因素分析。本节从四个方面考察环境全要素生产率增长的影响因素：（1）发展因素：选用人均国内生产总值及其平方项作为研究指标。（2）结构因素：选择能源消费结构和产业结构作为研究指标，能源消费结构用煤炭消费占能源消费总量的比重来衡量；产业结构指标用第二产业占各省地区生产总值的比重来表征。(3)外来因素:选择实际外商直接投资额占各省地区生产总值的比重考察外商直接投资的影响。(4)制度因素:主要探究环境规制对绿色全要素生产率增长的作用。笔者从政府环境规制成本角度出发,借鉴张华、魏晓平(2014)从环境规制成本角度构建环境规制指标,$ER=\frac{S_i/C_i}{C_i/G_i}$,其中 S_i/C_i 表示工业污染治理项目本年完成投资占工业产值的比重,C_i/G_i 表示工业产值占国内生产总值的比重。被解释变量为全域马尔姆奎斯特—卢恩伯格指数。

基于以上选择,笔者建立以下模型,具体见公式(4-8):

$$\ln GML_{it}=\beta_0\ln RGDP_{it}+\beta_1\ln RGDP_{it}^2+\beta_2\ln CCS_{it}+\beta_3\ln IS_{it}+\beta_4\ln FDI_{it}+\beta_0\ln ER_{it}+C_{it}+\varepsilon_{it} \qquad (4-8)$$

其中,i 表示省区截面单元;t 表示时间;GML 用累积 GML 指数代替;$RGDP$ 表示人均收入;CCS 表示能源消费结构;IS 代表产业结构;FDI 代表外商直接投资;ER 表示环境规制强度; $C_{i,t}$ 表示常数项; $\varepsilon_{i,t}$ 为随机误差项。

基于省际面板数据,笔者利用软件 Stata12.0,使用双向固定效应模型对上述模型进行估计,结果见表 4-5。

全域马尔姆奎斯特—卢恩伯格指数与人均收入负相关,但与其二次项正相关,表明人均国内生产总值与环境全要素生产率增长之间呈现出“U 型”曲线关系。当人均收入处于较低水平时,人们更关注经济水平的提升,可能存在以牺牲环境为代价换取暂时的经济发展的状况;当人均收入达到一定水平后,人们对环境质量的要求提升,绿色发展意愿增强,此时经济发展水平的进一步提升会促进环境全要素生产率的增长,在一定程度上印证了环境库兹涅茨曲线的存在。

产业结构与环境全要素生产率增长负相关，表明第二产业比重过高会抑制环境全要素生产率的增长。近二十年来，工业增加值占第二产业的比重始终不低于 84%，我国以工业为主体的第二产业呈现粗放型的增长模式，资源消耗、污染排放的增加抑制绿色全要素生产率的增长。

能源消费结构与环境全要素生产率增长负相关。表明煤炭消费占比越高绿色环境全要素生产率增长率下滑，反映了中国“富煤贫油少气”的能源禀赋现状，煤炭作为我国主要的化石燃料，消耗产生的碳排放构成了碳排放的主要来源。

外商直接投资（FDI）对环境全要素生产率增长的影响不显著，可能是由于外商直接投资在促进中国经济增长的同时也带来了大量的污染排放，从这两个相反方向影响绿色全要素生产率的增长，相互抵消后导致整体效应不显著。一般认为，外商直接投资流入会通过溢出效应提升生产效率，拉动经济增长（尹忠明和李东坤，2014；杨向阳和童馨乐，2013）。但同时根据“污染天堂”假说，外商直接投资可能从环境规制水平较高的国家向规制水平较低的国家流动，导致大量外商直接投资进入东道国污染密集型部门，加剧了东道国的环境污染。

环境规制强度与环境全要素生产率增长负相关，表明政府的环境规制投入没有促进绿色全要素生产率增长，加速绿色经济的发展。沈能、刘凤朝（2012）认为环境规制与技术创新呈现出“U 型”曲线关系，只有当环境规制跨越了一定的门槛，“波特”假说才能成立。张华和魏晓平（2016）、张成和陆旸等（2011）的研究进一步印证了上述结论。所以，笔者认为当今的环境规制强度还比较弱,尚未形成技术创新,促进绿色全要素生产率增长的局面(见表4-5)。

表4-5 模型估计结果

解释变量	系数(稳健标准误)	解释变量	系数(稳健标准误)
lnRGDP	-0.6767*(0.3868)	LNIS	-0.4385**(0.1772)
(lnRGDP)^2	0.0373**(0.0175)	LNFDI	0.0024(0.0109)
lnCCS	-0.0550*(0.0490)	LNER	-0.0243*(0.0140)
Cons	2.7816(2.2807)		

注:*、**分别表示10%、5%的显著性水平。
资料来源:由笔者计算所得。

基于距前沿最远距离函数(SBM),结合全域马尔姆奎斯特生产率概念,我们重新估算了2000—2014年中国各省区市能源环境约束下的全域马尔姆奎斯特—卢恩伯格指数,将其分解为效率变化指数和技术进步指数,分析环境全要素生产率增长的动态演变特点及其对经济增长的贡献率,进而建立回归模型探索中国省际环境全要素生产率变化的原因。通过研究得出以下结论。

(1)环境全要素生产率的提升主要依赖于技术进步的推动,全要素生产率指数的趋势变动与碳排放量变化密切相关。要想进一步发展低碳经济,在制定碳减排政策的前提下,双管齐下使技术进步和技术效率共同推动全要素生产率增长。

(2)环境全要素生产率变化对国内生产总值增长的贡献度存在显著的区域差异,只有东部地区少数省份超过30%。表明我国大多省份,尤其是中、西部省份,仍然是以"要素驱动"为主的粗放型经济增长模式,可见我国向"创新驱动"经济增长模式的转变任重道远。

（3）从影响因素的回归模型结果来看，产业结构、能源消费结构和环境规制对环境全要素生产率增长的影响显著为负。说明我国迫切需要走出一条新型工业化道路，将高能耗、高污染的旧型工业发展成循环、可持续的新型工业；优化能源消费结构，降低煤炭消费在能源消费总量中的比例，提升能源利用效率，加快清洁能源发展，减少对环境的负面影响；跨越环境规制门槛，提升技术创新能力，促进绿色全要素生产率提高。而人均国内生产总值与环境全要素生产率增长呈现"U 型"曲线关系，国内直接投资对环境全要素生产率增长的影响不显著，支持环境库兹涅茨曲线。

第二节　碳排放规制下的自主研发、技术引进对全要素生产率的影响分析

上一节我们主要探讨了在能源条件约束下的环境全要素生产率的影响因素分析，而本节将碳排放纳入全要素生产率的核算框架之中，用 DEA 方法来测算绿色全要素生产率的分解指数，以此来检验碳排放规制下的自主研发、技术引进对中国全要素生产率进步的促进作用。我们发现，第一，绿色全要素生产率的增长存在显著的地区差异，主要依靠技术进步推动；第二，自主研发能促进绿色全要素生产率的提高，但大多省份的自主研发并不注重绿色环保技术进步；第三，外商直接投资能通过技术溢出效应提升我国绿色全要素生产率，但并没有实现绿色技术效率的提升；第四，要素结构的升级还没有形成自主创新为主的技术进步形式，仍需以自主研发和技术引进相结合，共同提升绿色全要素生产率。

依据内生经济增长理论，研发支出活动能够提升生产率，引起经济的内生增长。当今经济全球化背景下，各国要想实现全要素生产率的提升，不仅要依靠自主研发，还需要考虑技术引进。正如林毅夫、张鹏飞（2005）认为落后国家需要通过引进、吸收和消化发达国家的先进技术，实现经济的加速增长。在过去的几十年里，中国经济的飞速发展对环境造成了极大的负外部性，能源消耗、碳排放量大幅上升，粗放型的经济增长方式给中国的可持续发展带来了很大阻力，中国迫切需要走出一条以提高绿色全要素生产率为主导的绿色转型之路，实现低碳经济发展模式的转型。因此，在碳排放规制下，研究自主研发、技术引进与全要素生产率的关系，具有重要的理论与现实意义。

关于自主开发、技术引进对全要素生产率的影响研究，已经引起了众多学术研究者的关注，但学界却并没有形成一致的定论。

现有文献对自主研发与全要素生产率关系的研究主要是基于省市层面、产业层面、企业层面，大多数研究结果表明自主研发对生产率有正向促进作用。刘渝林、陈天伍（2011）基于省际层面对我国各个省区市 1993—2008 年的数据进行实证研究，证实了该结论。戴魁早（2011）、吴延瑞（2008）基于产业层面数据的研究结果也表明自主研发对生产率有显著促进作用。进一步细化至企业层面的研究也基本呈现类似的结论，如杰斐逊等（Jefferson 等，2006）、胡等（Hu 等，2005）以及朱平芳和李磊（2006）。还有学者认为，自主研发对生产率的提高没有显著效果，甚至阻碍了全要素生产率的提升。如张婷、王立凯（2016）基于省际面板数据，构建了全要素生产率的影响因素分析模型，发现我国自主研发促进全要素生产率增长的局面尚未形成。张海洋（2005）、李小平和朱钟棣(2006)、李宾(2010)、汤二子和刘海洋等(2012)的研究也否定了自主研发对全要素生产率正向促进效应的存在。

对于技术引进与全要素生产率的研究,虽然没有形成统一结论,但主要从技术溢出角度进行探究。溢出效应通常被认为是在非市场交易下跨国公司技术扩散到东道国,并引起了当地技术或生产的进步。自卡夫(Caves,1971)研究发现并开启了技术溢出效应研究历程以来,国内外对此类的研究如雨后春笋般不断涌现,大多是在劳动生产率模型和柯布道格拉斯生产函数基础上进行修改和拓展,但实证分析结果并不一致。正向溢出效应得到了一大批实证研究者的证实,包括詹科夫、霍克曼(Djankov 和 Hoekman,2000)。同样,有诸多学者持支持态度(江小涓,2000;Smarzynska,2002;王英、刘思峰,2008;Du 等,2012)。也有学者的研究否认了正向溢出效应的存在,甚至认为技术的溢出效应应该为负向。坎特韦尔(Cantwell,1989)率先对技术溢出的正效应提出了质疑,其对 1955—1975 年美国跨国公司进入欧洲市场的研究发现,技术溢出的正效应只存在于外资进入以前就已经具备竞争优势的产业,而弱势产业的企业则会被跨国公司挤出市场。同样,一些学者也对正向溢出效应产生了质疑,包括库科等(Kokko 等,1996)、王飞(2003)、马林和章凯栋(2008)、苏延多和萨利姆(Suyanto 和 Salim,2011)。

总览已有的文献,笔者发现,在考虑碳排放规制下,对中国的自主研发、技术引进与全要素生产率关系展开研究的文献较少。为此,笔者将碳规制纳入全要素生产率的研究,充分考虑碳排放的负外部性,利用全域马尔姆奎斯特—卢恩伯格指数全面客观地估算省际绿色全要素生产率水平,分析自主开发、技术引进对全要素生产率增长的影响,有助于我们有针对性地提出节能减排与低碳转型的政策建议。

一、模型设计与数据来源

模型设计。目前的研究文献中一般以道格拉斯生产函数作为投入产出分析的基准模型,然后根据自身的研究作出调整策略,如李小平、朱钟棣(2006),程惠芳、陆嘉俊(2014)。基于此,考虑到资本和劳动两种要素投入,生产函数的具体形式见公式(4-9):

$$Y_t = A_t K_t^{\alpha} L_t^{\beta} \tag{4-9}$$

式(4-9)中,Y_t 表示 t 期的产出水平;A_t 表示 t 期的技术系数,为希克斯中性技术进步;K_t^{α} 表示资本投入数量;L_t 表示劳动投入数量。开放经济条件下,技术进步主要来源于自主研发(R&D)和技术引进(FDI)(罗良文、潘雅茹和陈峥,2016),笔者将其引入函数,可得公式(4-10):

$$Y_t = A_0(FDI_t^{\gamma}, R\&D_t^{\delta}) K_t^{\alpha} L_t^{\beta} \tag{4-10}$$

式(4-10)中,γ、δ 分别表示技术引进、自主研发对技术进步的影响系数。按照索洛(Solow)经济增长理论,全要素生产率是指各种有形生产投入要素贡献之外的因素所导致的产出增加,即总产量与要素投入量之比。具体见公式(4-11)和公式(4-12):

$$TFP = \frac{Y_t}{K_t^{\alpha} L_t^{\beta}} = A_0(FDI_t^{\gamma}, R\&D_t^{\delta}) \tag{4-11}$$

$$\ln TFP = \ln A_0 + \gamma \ln FDI_t + \delta \ln R\&D_t \tag{4-12}$$

为了进一步考察技术的吸收与消化能力对全要素生产率的影响,本书借鉴方文中、罗守贵(2016)的思路,用自主开发和外国技术引进的交互项来衡量吸收能力,考虑到全要素生产率影响因素的多元性,笔者参考已有文献,在模型中加入要素禀赋结构、环境规制、城镇化水平和能源消费结构作为控制变量，可得公式（4-13）：

$$\ln TFP_{i,t} = \gamma \ln FDI_{i,t} + \delta \ln R\&D_{i,t} + \rho \ln FDI_{i,t} \times \ln R\&D_{i,t} + \theta_i \ln X_{i,t} + \mu_{i,t} + \varphi_{i,t} + \varepsilon_{i,t} \quad (4-13)$$

其中，i 表示省区截面单元；t 表示时间；FDI 表示技术引进；$R\&D$ 表示自主研发投入；交互项代表吸收能力；X 代表控制变量；$\mu_{i,t}$ 表示时间非观测效应；$\varphi_{i,t}$ 表示地区非观测效应；$\varepsilon_{i,t}$ 是与时间和地区都无关的随机误差项。

变量及数据。本书以 2001—2014 年为研究区间，选取除西藏、香港、澳门、台湾外的 30 个省份为研究对象。数据主要来源于历年《中国统计年鉴》《中国能源统计年鉴》《中国科技统计年鉴》和各省统计年鉴。

全域马尔姆奎斯特—卢恩伯格指数。春等（Chung 等，1997）将包含坏产出的方向距离函数应用于马尔姆奎斯特模型，得到马尔姆奎斯特—卢恩伯格指数。鉴于马尔姆奎斯特—卢恩伯格指数不具有可传递性，学者奥（Oh，2010）将全域马尔姆奎斯特生产率概念和方向性距离函数相结合构建了全域马尔姆奎斯特—卢恩伯格指数，用以测算环境约束下的全要素生产率变化。故笔者构建考虑碳排放的全域方向性距离函数，见公式（4-14）和公式（4-15）：

$$D^G = (x^t, y^t, z^t; g) = \sup\{y^t + \beta g_{y,} z^t + \beta g_u \in H^t(x^t)\} \quad (4-14)$$

并将方向性距离函数与全局生产率概念相结合得到全域马尔姆奎斯特—卢恩伯格指数：

$$GML_t^{t+1} = \frac{1 + D_0^G(x^t, y^t, z^t, g)}{1 + D_0^G(x^{t+1}, y^{t+1}, z^{t+1}, g)} \tag{4-15}$$

该指数反映了在一定环境规制下，相邻两期全要素生产率的比值，如果比值大于 1，则表明研究区间内全要素生产率上升；反之，全要素生产率下降。该指数还可以分解为全域技术效率变化指数（ *GEC* ）和全域技术变化指数（ *GTC* ）来反映技术效率与技术进步的变化情况，具体见公式（4－16）、公式（4－17）和公式（4－18）：

$$GML_t^{t+1} = GEC_t^{t+1} \times GTC_t^{t+1} \tag{4-16}$$

$$GEC_t^{t+1} = \frac{1 + D_0^t(x^t, y^t, z^t, g)}{1 + D_0^{t+1}(x^{t+1}, y^{t+1}, z^{t+1}, g)} \tag{4-17}$$

$$GTC_t^{t+1} = \frac{[1 + D_0^G(x^t, y^t, z^t, g)] / [1 + D_0^t(x^t, y^t, z^t, g)]}{[1 + D_0^G(x^{t+1}, y^{t+1}, z^{t+1}, g)] / [1 + D_0^{t+1}(x^{t+1}, y^{t+1}, z^{t+1}, g)]} \tag{4-18}$$

本节使用 MaxDEA 软件来测度全域马尔姆奎斯特—卢恩伯格指数。投入变量主要有能源消费总量、人力资本存量和物质资本存量。能源消费总量是将各类能源消费统一折算成标准煤加总而得。人力资本存量是利用平均受教育年限法来计算，将 6 岁及以上人口按受教育程度区分，未上过学（0 年）、小学（6 年）、初中（9 年）、高中（12 年）和大专及以上（16 年）分别计算各省区市平均受教育年限，再乘以从业人员数目得到人力资本存量。物质资本存量采用永续盘存法进行计算，借鉴张军、吴桂英、张吉鹏（2004）的测算方法，以 2000 年为基期，折旧率为 9.6%，初始资本存量用固定资产总额除以 10%来计算。产出变量包括期望产出和非期望产出。期望产出以各省区市年度地区生产总值总量来表示，考虑到研究的可比性,将其全部按照2000年的可比价格进行折算。非期望产出则以各省区市碳排放量进行表征,本书中计算出的碳排放主要来源于化石燃料燃烧排放和水泥生产排放;化石燃料包含煤炭、天然气、焦炭、燃料油、原油、汽油、煤油和柴油八种,其碳排放因子根据国家气候变化对策协调小组办公室和国家发展改革委能源研究所(2007)提供的各类化石能源发热值、含碳量、氧化因子进行计算;水泥熟料的碳排放因子来源于省级温室气体清单编制指南(2011),熟料比例为60%。

二、回归变量及数据说明

自主研发:用各省研究与试验发展内部经费支出占国内生产总值的比重来表示。

技术引进:唐未兵等(2014)的研究认为跨国投资是引进技术的重要途径,据此我们采用外商直接投资额占国内生产总值的比重(表示为FDI)度量。

交互项:一般认为,全要素生产率的提高不仅依靠自主研发实现自我创新,引进外资学习先进技术,还取决于现有企业吸收知识和信息的能力。

要素禀赋结构:要素禀赋结构的调整优化可以提高各种要素的产出效率,实现经济体内涵式的集约化增长。本书用资本—劳动比率表征该变量。

环境规制:借鉴沈能和刘凤朝(2012)的方法,用各省区市单位工业产值的污染治理投资完成额与单位国内生产总值的工业产值的乘积计算环境规制成本。乘积越大,环境规制强度越大。

城镇化水平:王小鲁和樊纲(2004)、罗良文等(2016)的研究发现,城镇化会引起农村人口转移和城镇人口聚集,产生规模效应和集聚效应,促进地区生产率的提高。

能源消费结构:屈小娥(2012)的研究表明能源消费结构会显著影响环境约束下的全要素生产率。而我国能源消费以煤炭为主,故笔者用煤炭消费占能源消费总量的比重表示能源消费结构。

三、实证结果分析

为避免出现伪回归问题,本节利用“Levin-Lin-Chu”单位根检验对各变量进行平稳性检验,发现在1%的显著性水平下,所有变量序列均为平稳序列。为进一步衡量外商直接投资和自主研发的共同作用,笔者在模型中引入了两者交互项,为弱化由交互项引入而产生的严重多重共线性问题,笔者将lnFDI与lnR&D进行去中心化处理,发现去中心化后,变量间的多重共线性被大大减弱。考虑到同一个影响因素对不同分位点下的中国省际绿色全要素生产率的影响可能存在差异,笔者选择了五个具有代表性的分位点:10%、25%、50%、75%和90%,运用分位数回归模型,对自主开发、外资引进与省际全要素生产率进行实证分析。

以全域马尔姆奎斯特—卢恩伯格指数为被解释变量的模型估计。观察表4-6的结果,发现在1%的显著性水平上自主研发对我国省际绿色全要素生产率的提升有正向影响。表明自主研发有利于绿色全要素生产率的提高,有利于中国低碳经济的转型,与现有的大部分实证研究结果相一致(如万伦来、朱琴,2013;汪锋、解晋,2015)。比较各分位点上自主研发系数的变化,发现自主研发的估计系数随着分位数的上升出现先下降后上升的“U型”变化趋势,自主研发水平每提升1%,全要素生产率就会提升0.0068%—0.0141%。对绿色全要素生产率极为落后的省份来讲,自主研发具有更大的促进作用。究其原因,可能是落后地区的自主研发能力十分薄弱，在环保方面的研发投入更少，如果这些地区能加大环保方面的研发投入，增强自主研发能力，会迅速提升绿色发展水平，加速绿色全要素生产率的提高，边际影响作用大。

外商直接投资的系数均为正，总体而言有利于绿色全要素生产率的提升，但是部分分位数水平下不显著。表明中国并没有通过引入外资，成为“污染天堂”，外商直接投资反而趋于通过竞争效应、示范效应等产生技术溢出，提升环境绩效，印证了李小平和卢现祥（2010）、沈可挺和龚健健（2011）的结论。具体来讲，外商直接投资的参数估计值呈现先上升后下降的倒“U 型”变化趋势，对 25%分位的绿色生产率增长的影响最为显著，而对极低、极高分位省份绿色生产率增长的影响不显著，这可能是因为绿色生产率极高的省份外资引入度已经很高，对外资的需求变化较小，因而导致其对绿色生产率增长的边际影响效应十分微弱。而对于绿色生产率极低的省份来讲，本身的对外开放水平就不高，外资进入度低，导致外商直接投资引入产生的生产率增长效应较弱。

交互项对我国省际绿色全要素生产率的提升有正向影响，并且估计系数随着分位数的上升呈现下降趋势，这表明各省份可以通过对技术的消化吸收促进全要素生产率的增长，而且技术的消化吸收能力对较低绿色生产率的省份的边际影响更大。

观察各控制变量，发现要素禀赋结构对绿色生产率有显著负向影响；城镇化有利于绿色全要素生产率的提升，但部分分位点下不显著。环境规制和能源消费结构对绿色生产率的影响方向在不同分位点下有所不同（见表 4-6）。

表 4-6　全域马尔姆奎斯特—卢恩伯格指数模型估计结果

解释变量	分位数				
	T=10%	T=25%	T=50%	T=75%	T=90%
lnR&D	0.0141 * (0.0081)	0.0140 *** (0.0045)	0.0074 ** (0.0029)	0.0040 ** (0.0017)	0.0068 *** (0.0026)
lnFDI	0.0032 (0.0047)	0.0061 ** (0.0030)	0.0048 *** (0.0017)	0.0039 ** (0.0019)	0.0014 (0.0029)
lnR&D · lnFDI	0.0202 *** (0.0039)	0.0132 *** (0.0050)	0.0115 *** (0.0022)	0.0104 *** (0.0014)	0.0095 *** (0.0022)
lnEI	−0.0413 *** (0.0120)	−0.0252 *** (0.0074)	−0.0220 *** (0.0039)	−0.0217 *** (0.0039)	−0.0172 * (0.0106)
lnER	−0.0033 (0.0024)	−0.0008 (0.0019)	0.0013 (0.0021)	0.0015 (0.0022)	−0.0017 (0.0042)
lnUR	0.0312 (0.0307)	0.0088 (0.0212)	0.0203 ** (0.0101)	0.0252 ** (0.0105)	0.0267 (0.0219)
lnCCS	0.0060 (0.0081)	0.0015 (0.0070)	−0.0014 (0.0042)	−0.0050 (0.0039)	−0.0010 (0.0063)
Cons	0.4462 *** (0.1183)	0.3194 *** (0.0728)	0.2863 *** (0.0381)	0.2780 *** (0.0388)	0.2426 ** (0.1081)

注：括号内为标准误差；*、**、***分别表示在10%、5%、1%的置信水平上显著。
资料来源：由笔者计算所得。

以全域技术进步指数为被解释变量的模型估计。观察表4-7的结果，发现各分位水平上自主研发对我国省际绿色技术进步的系数均为正，但在大多数分位点上，并不显著，表明我国大多数省份的自主研发并不注重环境保护。同时在各分位水平外商直接投资的系数也均为正，并且除了10%的分位水平，其他均通过1%的显著性水平检验。进一步表明外资引进产生技术溢出，提升绿色技术水平，进而优化环境，而且绿色全要素生产率水平越高，外商直接投资对技术进步的边际效应越大，对应的吸收消化能力也越强。控制变量中，要素禀赋结构对全域技术进步率有显著负向影响。其余各变量对全域绿色技术进步的影响方向与所处的全要素生产率水平有关。

表 4-7 全域技术进步指数模型估计结果

解释变量	分位数				
	T=10%	T=25%	T=50%	T=75%	T=90%
lnR&D	0.0107 (0.0100)	0.0058 (0.0045)	0.0035 (0.0021)	0.0059** (0.0024)	0.0014 (0.0071)
lnFDI	0.0022 (0.0046)	0.0049* (0.0025)	0.0094*** (0.0021)	0.0095*** (0.0022)	0.0097** (0.0046)
lnR&D · lnFDI	0.0106 (0.0065)	0.0071 (0.0053)	0.0130*** (0.0020)	0.0147*** (0.0023)	0.0163* (0.0088)
lnEI	-0.0229** (0.0103)	-0.0112 (0.0078)	-0.0130*** (0.0045)	-0.0108** (0.0052)	-0.0025 (0.0102)
lnER	-0.0057 (0.0039)	0.0021 (0.0021)	0.0044** (0.0022)	0.0076** (0.0030)	0.0156* (0.0089)
lnUR	0.0121 (0.0286)	-0.0022 (0.0192)	-0.0057 (0.0121)	-0.0035 (0.0124)	-0.0092 (0.0142)
lnCCS	0.0116 (0.0091)	0.0010 (0.0053)	-0.0033 (0.0035)	0.0001 (0.0049)	-0.0187 (0.0130)
Cons	0.2410** (0.0983)	0.1591** (0.0776)	0.2030*** (0.0455)	0.2256*** (0.0576)	0.1748* (0.0959)

注:括号内为标准误差;*、**、***分别表示在10%、5%、1%的置信水平上显著。
资料来源:由笔者计算所得。

以全域技术效率指数为被解释变量的模型估计。观察表4-8的结果,发现各分位水平上自主研发、外资引进和交互项对我国省际绿色技术进步的影响均不显著。表明我国省际绿色全要素生产率的提高主要依靠技术进步,技术效率的影响较弱;自主研发、技术引进和交互项对绿色生产率的促进作用主要来源于其对技术进步的推动作用。控制变量大多不显著。

表 4-8 全域技术效率指数模型估计结果

解释变量	分位数				
	T=10%	T=25%	T=50%	T=75%	T=90%
lnR&D	0.0116 (0.0136)	0.0007 (0.0020)	−0.0004 (0.0011)	0.0007 (0.0014)	−0.0014 (0.0033)
lnFDI	−0.0010 (0.0052)	−0.0007 (0.0016)	−0.0003 (0.0013)	−0.0015 (0.0012)	0.0004 (0.0018)
lnR&D · lnFDI	−0.0040 (0.0129)	−0.0021 (0.0018)	0.0003 (0.0012)	−0.0002* (0.0014)	0.0049 (0.0028)
lnEI	0.0109 (0.0108)	−0.0092*** (0.0028)	−0.0040 (0.0030)	−0.0045 (0.0035)	−0.0056 (0.0065)
lnER	−0.0088 (0.0060)	−0.0031* (0.0018)	−0.0005 (0.0010)	−0.0004 (0.0009)	0.0003 (0.0018)
lnUR	−0.0234 (0.0351)	0.0155* (0.0087)	0.0083 (0.0059)	0.0044 (0.0070)	0.0076 (0.0153)
lnCCS	−0.0104 (0.0154)	−0.0123*** (0.0030)	−0.0055** (0.0028)	0.0013*** (0.0020)	0.0080 (0.0032)
Cons	−0.1506 (0.1139)	0.0630* (0.0334)	0.0304 (0.0274)	0.0440 (0.0322)	0.0704 (0.0674)

注:括号内为标准误差;*、**、***分别表示在10%、5%、1%的置信水平上显著。
资料来源:由笔者计算所得。

本节利用2001—2014年的省际面板数据,在考虑碳排放的条件下,结合全域马尔姆奎斯特—卢恩伯格指数和分位数回归模型,深入探究了自主开发、技术引进和全要素生产率之间的关系,研究结论具有较大启发性。

(1)虽然绿色全要素生产率的提升主要来源于技术进步的推动,但是不能忽略技术效率对绿色全要素生产率增长的重要作用。所以在短期内,我国应注重技术效率的提升,长期则应致力于技术进步,双管齐下共同推动低碳经济的发展。

(2)虽然自主研发有利于促进我国省际绿色全要素生产率的提高,但是现阶段大多数省份的自主研发并不注重绿色环保技术进步。因此,我国在大力提倡自主创新,增加研发投入的同时,应该特别注重环境清洁技术的研发与创新,研发资金应向低碳方面进行倾斜。

(3)外商直接投资能通过技术溢出效应提升我国省际绿色全要素生产率,但并没有实现绿色技术效率的提升,反而有阻碍技术效率改善的倾向。所以在引进国外先进技术时,更要学习、吸收其先进的产出绩效管理和生产经验,提高研发投入的质量和效率,改善全域技术效率,实现可持续发展。

(4)按照要素禀赋理论,要素禀赋结构的升级必然会引起技术结构的升级和技术进步,然而实证结果表明要素禀赋结构对绿色全要素生产率、全域技术进步的提升反而有抑制作用。说明我国省际要素结构的升级还没有形成自主创新为主的技术进步形式,故现阶段我国仍需以自主研发和技术引进相结合,共同促进绿色全要素生产率、绿色技术进步的提升。

中国省际绿色全要素生产率增长及其来源有显著的地区差异,因此在制定相关政策时应该结合区域发展的具体情形,因地制宜,制定针对性的节能减排目标和方案。

第三节　环境规制政策是否抑制了企业技术创新?

在上两节中我们主要探讨了宏观环境下绿色全要素生产率的测算与分解效应,可以看出,在使用宏观数据对省际研究对象进行观察时,以碳排放约束为首的规制政策能够促进生产率的提高与技术进步，可是，当我们转换思路，探求微观经济个体的行为与技术发展时，这一环境规制政策是否还能够起到相同的作用，自本节开始，我们将研究视角从宏观经济体向微观经济体转移。

在第三章中，我们已经详细介绍了排污权交易的组成方式与运作机理。我们得知，自 20 世纪 70 年代伊始，美国环保署和部分州建立了污染物排放计划，开启了全球污染物排放交易体系的先河，而自《京都议定书》协议签订以来，碳排放交易政策已经成为控制温室气体排放、提高能源利用效率的重要手段之一，被世界部分国家和地区所采用与实施，截至 2017 年，国际方面碳排放交易机制建立较为完善的国家和地区包括：欧盟、美国、澳大利亚、日本和英国等。其中，欧盟制定“欧盟碳排放交易制度（EU ETS）”；英国制定“英国碳排放交易制度（UK-ETS）”；美国在芝加哥建立了“芝加哥气候交易所（CCX）”；澳大利亚设立了“新南威尔士州温室气体减排计划（NSW GGAS）”；日本设立了“东京市碳排放总量控制与交易中心（TOKTO-ETS）”。对中国来说，控制碳排放总量，实施完善的碳排放与交易体系刻不容缓。

自 2013 年起，7 个试点地区相继完成 5 年的履约工作。根据日前发布的《北京碳市场年度报告 2018》显示：截至 2018 年 12 月 31 日，7 省市试点碳市场累计成交量为 2.73 亿吨，累计成交额近 54 亿元，市场日趋活跃，规模逐步放大。7 省市二级市场线上线下成交碳配额现货近 7951 万吨，较 2017 年增长约 39.8%。

2016 年，国家发展改革委发布了《关于切实做好全国碳排放权交易市场启动重点工作的通知》，对全国碳市场建设作出统一部署，要求确保在 2017 年启动全国碳市场。启动统一的碳排放权交易市场后，8 大行业的 7000—8000 家企业被纳入全国碳市场，形成一个覆盖30亿—40亿吨碳配额的市场,中国也将成为全球第一大碳市场。

2017年2月17日,联合国开发计划署(The United Nations Development Programme,简称为UNDP)在北京发布了《中国碳市场研究报告2017》。联合国开发计划署报告显示,中国碳市场的启动,将更广泛地发挥碳金融对控制温室气体排放、推动能源转型所发挥的积极作用。而中国碳市场将覆盖40亿吨二氧化碳当量,超过欧洲碳市场的两倍。“旨在限制温室气体排放的中国国家碳排放限额交易计划,可能在2017年晚些时候出台。”这被《自然》杂志评选为2017年值得期待的11个科学事件之一。

碳排放交易市场作为一种缓解温室气体排放的有效手段,目前已经如火如荼地在中国进行试点工作,但是该项目在欧洲已经趋近成熟并得到了学术界的强烈关注,有大量文献表明,欧盟碳交易市场的建立有助于提高企业的创新能力,而本节则主要研究中国的碳排放交易试点是否对企业创新产生影响。在研究过程中,该政策为我们提供了一个“准自然实验”,本节首次关注碳排放与交易的环境规制对中国企业创新能力的因果效应,并通过双重差分法以及一系列稳健性检验后发现,与欧盟的政策效应情况相反,中国的碳排放与交易政策会显著降低企业创新,该结论在使用工具变量消除内生性后依然成立。

一项环境规制政策是否成功,主要取决于其是否降低了企业的排放水平,但与此同时,该政策是否影响了技术创新,也是其成功与否的重要标志之一,学者皮泽和波普(Pizer和Popp,2008)均持有这种观点。自乔恩·希克斯(Jonh Hicks)首次提出“创新假说”以来,波特(Portor)、范德林德(Van der Linde)等人首次将企业创新行为引入环境政策规制领域。他们认为,良好且有效的环境规制政策不仅有益于环境本身,也会对企业产生积极影响。该理论后被称为"波特"假说,即当企业面临不完全竞争市场(例如具有不完全信息时),环境管制能够提高企业创新技术发展水平并以此来抵消其进入市场所带来的机会成本。自 20 世纪 90 年代该假说被提出伊始,就反响强烈,诸多文献也对其进行了相关的实证分析,诸如鲁巴什基纳(Rubashkina,2015)。相关学者使用了日本和德国的数据首先对专利和环境规制的关系进行了分析,如兰朱和莫迪(Lanjouw 和 Mody,1996)。而杰夫和帕尔梅(Jaffe 和 Palmer,1997)发现,1973—1991 年,美国的环境规制政策能够显著提高企业的 R&D 活动。同时还有其他学者分别在日本、加拿大以及 OECD 等国家和地区对二者进行了探讨和分析,诸如学者布伦纳迈尔和科恩(Brunnermeier 和 Cohen,2003)、格雷和沙斯贝吉(Gray 和 Shasbegian,1993、2003)、德弗里斯和威瑟根(de Vries 和 Withagen,2005)、浜本(Hamamoto,2006)、拉诺伊等(Lanoie 等,2008)、卡若恩—弗洛雷斯和英尼斯(Carrion - Flores 和 Innes,2010)、约翰斯通等(Johnstone 等,2010)、杨等(Yang 等,2012)学者均在该方面有所涉及。那么,碳排放交易政策作为典型的环境管制政策之一,其又是否能够影响企业的创新水平呢?学者卡莱尔和德克斯勒普雷特(Calel 和 Dechezlepretre,2016)提出了欧洲碳排放交易体系作为世界最大的碳市场交易试点,其政策效果又如何这一疑问?针对该理论与观点,诸多学者莫衷一是,大量文献也对此展开了详细探讨。杰夫等(Jaffe 等,1999、2005)、斯塔文斯(Stavins,2007)以及欧盟委员会(European Commission,2005)的研究表明,碳市场的建立对企业技术改变具有激励作用。同时也有学者认为，欧洲碳排放交易体系能够直接影响企业创新，提高节能的相关技术，诸如霍夫曼（Hoffmann，2007）、罗格和霍夫曼（Rogge和 Hoffmann，2010）、罗格等（Rogge 等，2011）。此外，安德森等（Anderson 等，2011）认为欧洲碳排放交易体系在一定程度上能够提高企业的清洁技术的发展。并且学者鲁巴什基纳等（Rubashkina 等，2014）通过对欧洲制造业部门的分析认为，这种激励作用能够显著提高企业的创新能力。有学者分析了欧洲碳排放交易体系对企业创新行为的直接影响，结果显示，欧洲碳排放交易体系能够显著增加企业的专利数量，这一结果得到了学者卡莱尔和德克斯勒普雷特（Calel 和 Dechezlepretre，2016）的支持。而学者马丁等（Martin 等，2014）的研究则表明，欧盟中那些低于配额发放的企业，其创新能力更会受到环境政策管制的作用。学者博尔盖西等（Borghesi 等，2012）通过对 1000 家意大利公司的创新数据研究发现，那些受配额政策管制不严格的企业，其技术创新能力则越强。但是另一方面，学者马丁等（Martin 等，2014）认为，由于企业创新的数据可得性有限，因此大量的实证研究都是从案例分析角度出发的，这样就不具有很强的代表性，因此有可能在针对碳交易政策效应的不同文献之间，其实证结果也会出现不一致的现象。与上文中的实证结果相反，有许多学者发现，在欧洲碳排放交易体系成立以来，通过对企业进行普遍的排污权发放会显著损害企业的创新活动，这一结论得到了诸如施莱奇和贝茨（Schleich 和Betz，2009）、加格曼和弗伦德尔（Gagelmann 和 Frondel，2005）、格鲁布等（Grubb 等，2005）学者的支持。有学者通过对瑞典自2002—2008 年的公司调查，并没有发现环境政策对企业行为会产生影响。罗格等（Rogge 等，2011）通过对 2008 年和 2009 年两年间的 36 家德国公司的调查发现，只有 1/5 的企业认为，政策能够改变自身企业的创新行为，但是没有人相信企业在短期内的创新能够被政策改变。另外，有学者通过案例分析的方式调查了地方企业，研究发现它们并不会在意企业技术在政策规制下的创新性。同时，沃克等（Walker 等，2009）在对爱尔兰企业的调查也表明，环境规制不会对企业的技术水平产生影响。

因此从以上文献分析中可以看出，首先，欧洲碳排放交易体系政策在一定程度上会对企业创新性行为产生影响，但这种政策效应的评估可待商榷，并需要斟酌。其次，同时，在相关文献的实证过程中，案例分析并不能证明二者之间的因果关系，在因果识别方面将存在一定的缺陷。再次，由于公司创新数据的可得性限制，许多对环境规制政策的效果评估都是通过取证与案例调查的方式进行的，因而不具有严谨的数据挖掘和实证分析，这样所估计出来的结果可能存在偏差，因此也造成了对欧洲碳排放交易体系效应评估出现结论相反的现象。最后，在对碳排放政策的研究分析中，大多数文献所关注的研究对象都是欧盟的欧洲碳排放交易体系对企业创新性行为所造成的影响，而鲜有关注中国碳排放交易试点的政策影响。

因此，通过针对以上四点的改进，本节研究具有一定的创新性。第一，我们获得了中国规模以上企业层面的相关数据，根据前人的文献，包括学者波普（Popp，2002、2006）、约翰斯通等（Johnstone 等，2010）、艾金等（Aghion 等，2016）以及莫斯和沃纳（Moser 和 Voena，2012）将“企业专利数”视为“技术创新”的代理变量，因为很少存在显著性技术进步和创新不是以专利的形式进行保护的。第二，为了能够准确识别二者之间的因果机制，排除内生性，我们的研究将与前人诸如学者雷斯特等(List 等,2003)、格林斯通和盖尔(Greenstone 和 Gayer,2009)所用方法相同,通过对环境政策构造准自然实验,以中国碳排放交易试点政策作为实验对象,分析企业的创新性行为。第三,本节将基于实证角度,通过准自然实验的方式对该问题进行经验分析,并利用一系列手段对其结果进行稳健性检验,以此来保证结果的可靠性。第四,我们的研究对象将是中国碳排放与交易试点,以此来探讨该环境规制政策在国别间是否具有异质性。

一、模型设定、数据选取与指标选择

一般来说,针对政策效果的研究,大部分文献均采用双重差分法(DID)来进行评估。双重差分法对政策效果评估时,首先利用第一次差分消除固定效应,其次再进行差分后的结果就是政策效果。与传统模型相比较,尽管双重差分法具有很多优点,但还是存在着缺陷:(1)参照组的选取具有主观性和随意性,不具有很强的说服力。(2)政策有时是内生的。即学者阿巴迪等(Abadie 等,2010)认为政策干预在城市与其他城市之间存在着系统性差别,而这种差别恰好是该城市受到政策干预的原因。尤其对于第二个缺陷,我们往往没有充足的理由能够排除政策的内生性,因而直接使用双重差分法对政策进行评估所产生的结果往往有偏差。

针对双重差分法所存在的严重缺陷,有学者提出合成控制法(Synthetic Control Methods)。该方法主要是对多个控制组进行加权,合成一个与干预组特征极其相似的控制组,通过加权的方式来克服干预组和控制组之间的差异。合成控制法的基本思想是:在现实条件中,寻找一个和干预组完全类似的控制组是非常困难的,但是我们可以根据未受到政策干预的控制组的组合来构造一个良好的控制组。学者阿巴迪等(Abadie 等,2010)利用该方法研究了美国加利福尼亚州控烟立法对降低人均烟草消费的影响,文中使用美国其他州的组合来复制未实施控烟立法的加利福尼亚州烟草消费情况。而随着合成控制法的普及,国内诸多学者也逐渐采用该方法。

理论模型。合成控制法本质上是一种基于数据选择控制组来对政策效应进行评估的方法,其基本特征是必须清楚控制组内每个个体的权重,即每个个体根据各自数据特点的相似性,决定了构成“反事实”状态(Counterfactual State)中的贡献度;按照政策干预之前的预测变量来衡量控制组和干预组的相似性。该方法具有以下两个优点:(1)它是对传统的双重差分法的扩展,是一种非参数估计;(2)在构造控制组时,通过数据来决定权重的大小,从而减少了主观判断。坦波(Temple,1999)认为合成控制法可以明确地展示干预组和合成控制组在政策干预前后的相似程度,避免对比差异很大的地区而引起误差。同时,合成控制组的个体权重均选择为正数且之和为1,也避免了过分外推。

为便于说明,现在假设可以观测到J+1个地区企业创新的情况,其中第1个地区(湖北)受到了碳交易政策的干预,其他J个地区为控制组地区,这些地区T期的企业创新情况是可以直接观测到的。我们用T_0表示碳交易政策实施的年份,与湖北实施碳交易政策所对应的就是2011年,因而在我们的估计中,$1 \leqslant T_0 < T$。利用项目评估文献中的“反事实框架”(Counterfactual States Framework),对于$i=1,2,\cdots,J$和时刻$t=1,2,\cdots,T$,我们用Y_{it}^N表示i在时刻T没有受到政策干预的结果,用Y_{it}^I表示i在时刻T受到干预的结果。因此,$\alpha_{it}=Y_{it}^I-Y_{it}^N$就表示碳交易政策实施所带来

的效果。我们假设碳交易政策对实施之前的地区企业创新没有任何影响，因而，对于 $t \leqslant T_0$ 的年份来说，所有地区 i 都有 $Y_{it}^I = Y_{it}^N$；而对于时刻 $T_0 < t \leqslant T$，我们就有 $Y_{it}^I = Y_{it}^N + \alpha_{it}$。我们用 D_{it} 表示是否接受干预的哑变量，如果地区 i 在时刻 t 受到政策干预，那么该变量取值为 1，反之为 0。我们在时刻 t 观测到地区 i 的结果 Y_{it} 就是 $Y_{it} = D_{it} Y_{it}^I + (1 - D_{it}) Y_{it}^N$，因而 $Y_{it} = Y_{it}^N + D_{it} \alpha_{it}$。对于未受到碳交易政策干预的地区，我们有 $Y_{it} = Y_{it}^N$。因为只有第 1 个地区在时刻 T_0之后开始受到碳交易政策的影响，我们的目标就是估计 α_{1t}。在 $t>T_0$时，$\alpha_{1t} = Y_{1t}^I - Y_{1t}^N = Y_{1t} - Y_{1t}^N$。$Y_{1t}$ 是真实湖北地区企业创新水平，是可以观测到的。为了估计 α_{1t} 我们需要估计 Y_{1t}^N。Y_{1t}^N 是假设湖北省没有受到碳交易政策干预的条件下地区企业创新水平，这是无法观测到的，故而需要通过构造“反事实”的变量来表示。与双重差分模型中的假定相类似，我们假设 Y_{it}^N 是由以下公式(4-19)的模型决定的：

$$Y_{it}^N = \delta_t + \theta_t Z_i + \lambda_t \mu_i + \varepsilon_{it} \tag{4-19}$$

式(4-19)中，δ_t 是时间固定效应，Z_i 是一个 $(r \times 1)$ 向量，包含地区 i 不受碳交易政策影响的可观测变量，θ_t 是一个$(1 \times r)$ 维的未知参数向量，λ_t 是一个$(1 \times F)$ 维观测不到的共同因子，μ_i 则是($F \times 1$)维观测不到的地区固定效应，误差项 ε_{it} 是各个地区 i 的观测不到的暂时冲击，均值为 0。很明显，公式(4-19)是对一般传统的固定效应双差分模型的扩展。不同的是双重差分法模型允许存在观测不到的个体影响变量，但是限制这些变量的效应不随时间变化。相反，公式(4-19)的模型允许观测不到的个体变量的效应随时间变化。如果限制 λ_t 不随时间 t 变化，就得到了传统的双重差分法模型。最重要的是,在这个模型中并不需要限制 Z_i ,μ_i 和 ε_{it} 之间是独立的。

为了评估碳交易政策对地区企业创新的影响,我们必须估计第 1 个地区在未收到政策干预下的结果 Y_{1t}^N 。为了解决该问题,我们可以通过用未受到碳交易政策干预的控制组来近似没有受到碳交易政策干预的湖北省。为此,我们考虑一个 $(J \times 1)$ 维权重向量 $W=(w_2,\cdots,w_{J+1})'$,满足对任意的 J,$w_j \geqslant 0$,并且 $w_2+\cdots+w_{J+1}=1$,向量的每一个特殊取值表示对第 1 个地区的一个可行的合成控制,这是控制组内所有地区的一个加权平均。w 作为权重的合成控制的结果变量,具体见公式(4-20):

$$\sum_{J=2}^{J+1} w_j Y_{jt} = \delta_t + \theta_t \sum_{J=2}^{J+1} w_j Z_j + \lambda_t \sum_{J=2}^{J+1} w_j \mu_j + \sum_{J=2}^{J+1} w_j \varepsilon_{jt} \tag{4-20}$$

假设存在一个向量组 $W^* = (w_2^*,\cdots,w_{J+1}^*)'$ 满足公式(4-21):

$$\sum_{J=2}^{J+1} w_j^* Y_{j1} = Y_{11},\cdots,\sum_{J=2}^{J+1} w_j^* Y_{jT_0} = Y_{1T_0},\text{并且} \sum_{J=2}^{J+1} w_j^* Z_j = Z_1 \tag{4-21}$$

如果 $\sum_{t=1}^{T_0} \lambda'_t \lambda_t$ 非奇异(Non-singular),我们就有公式(4-22):

$$Y_{1t}^N - \sum_{J=2}^{J+1} w_j^* Y_{jt} = \sum_{J=2}^{J+1} w_j^* \sum_{s=2}^{T_0} \lambda_t \left(\sum_{n=1}^{T_0} \lambda'_n \lambda_n\right)^{-1} \lambda'_s (\varepsilon_{js} - \varepsilon_{1s}) - \sum_{J=2}^{J+1} w_j^* (\varepsilon_{jt} - \varepsilon_{1t}) \tag{4-22}$$

阿巴迪等(Abadie 等,2010)证明,在一般条件下,公式(4-22)的右边趋近于 0。因而,对于 $T_0<T$,我们可以用 $\sum_{J=2}^{J+1} w_j^* Y_{jt}$ 作为 Y_{1t}^N

的无偏估计来近似 Y_{1t}^{N}，从而 $\widehat{\alpha_{1t}} = Y_{1t} - \sum_{J=2}^{J+1} w_j^* Y_{jt}$ 就可以作为 α_{1t} 的估计。

模型实施。为了估计 $\widehat{\alpha_{1t}}$，我们需要知道 w^*。为了使公式(4-21)成立，需要第1个地区的特征向量位于其他地区的特征向量组的凸组合之内。但是在实际计算中，可能数据中不存在使得方程组恰好成立的解，这就需要通过近似解来确定合成控制向量 w^*。

我们选择最小化 X_1 和 X_0W 之间的距离 $|X_1 - X_0W|$ 来确定权重向量 w^*。X_1 是碳交易政策实施前湖北地区的 $(k \times 1)$ 维特征向量 $(k = r + M)$，X_1 的形式为 $(Z'_1, Y_1^{-K_1}, \cdots, Y_1^{K_M})'$，其中 $Y_1^{-K_h}$ 是碳交易政策实施前湖北地区企业创新的一个线性组合 $Y_1^{-K_1} = \sum_{s=1}^{T_0} k_s Y_{1s}$，而 K_h（其中 $h = 1, \cdots, M$）为 $(T_0 \times 1)$ 维向量 $K_h = (k_1, \cdots, k_{T0})'$。同样，$X_0$ 是一个 $(k \times J)$ 矩阵，X_0 的第 j 列为地区 i 碳交易政策实施前的相应特征向量，X_0 的第 j 列为 $(Z'_j, Y_j^{-K_1}, \cdots, Y_j^{-K_M})'$。关于 $Y_j^{-K_1}, \cdots, Y_j^{-K_M}$ 的一个一般性的选择是 $Y_j^{-K_1} = Y_{i1}, \cdots, Y_i^{-K_{T_0}} = Y_{iT_0}$。

一般地，距离函数 $|X_1 - X_{0W}|_v = \sqrt{(X_1 - X_0W)'V(X_1 - X_0W)}$，这里 V 是一个 $(k \times k)$ 的对称半正定矩阵。v 的选择会影响估计均方误差。我们选择对角半正定矩阵 v 最小化碳交易政策实施前地区企业创新估计的均方误差，使得我们估计的合成湖北省的企业创新增长路径尽可能地近似碳交易政策实施前湖北省实际的企业创新增长路径。值得说明的是，学者金和曾（King 和 Zeng，2006）在估计权重 W^* 时我们要求 $w_j \geq 0$，这样就把合成控制组限制在控

制组的凸组合内,可以避免干预组和控制组的差距过大时的估计,减少因为干预组和控制组差异过大而外推估计带来的估计偏差。全书使用 Synth 程序包进行相应的模型估计。

二、实证结果分析

我们使用 2005—2014 年的省级平衡面板数据来分析碳交易政策对湖北地区企业创新活动的影响,地区企业创新以各地区规模以上企业申请专利对数来表示。鉴于数据的可获取性,省份中并不包括青海、西藏、香港、澳门和台湾。我们的目标是使用其他省份的加权平均来近似模拟未实施碳交易政策的湖北地区企业创新情况,然后和真实湖北地区企业创新情况进行对比来评估碳交易政策对企业创新的影响。依据合成控制法的思想,选择权重的原则是使得碳交易政策实施前,合成湖北省各项决定企业创新的因素和真实湖北省尽可能地一致。因此我们选择预测变量主要有规模以上企业的科技活动人员数、科技活动经费内部支出、技术引进费用、企业规模、地区生产总值、工业总产值占地区生产总值的比重、外商直接投资占地区生产总值的比重、进出口贸易占地区生产总值的比重。所有数据均来自历年《中国统计年鉴》与《中国科技统计年鉴》。

通过合成控制法的计算,表 4-9 给出了用于构成合成湖北省的省份权重,共选取 4 个省份,其中河南省的权重最大。同时,表 4-10 分别给出了碳交易政策实施之前真实湖北省、合成湖北省以及其他控制组省份的主要经济变量的对比。从表中可以看出,各个经济指标非常接近,并且其差距远远小于湖北省的真实变量与其他省份平均真实变量的差距,其中科技人员的投入、资金投入、企业规模、外商直接投资占地区生产总值的比重差异对比分别为

0<11.14%,1.24%<10.71%,0.37%<5.62%,3.01%<14.98%。因此,从表4-10中各指标对比可以看出,合成的湖北省比较好地拟合了碳交易政策实施前真实湖北省的特征,说明该方法适宜于评估碳交易的政策效果。

表4-9　控制组权重(Unit Weights)

省份	安徽	河南	湖南	四川
权重	0.096	0.469	0.249	0.187

资料来源:由笔者计算所得。

表4-10　预测变量对照表(Predictor Balance)

变量名	**真实湖北省**	**合成湖北省**	**其他省份**
人才投入	11.682	11.681	10.381
R&D投入	14.851	14.667	13.26
企业规模	19.452	19.523	18.359
技术引进	13.259	12.13	11.118
外商直接投资占地区生产总值的比重	8.276	8.027	7.036
进出口贸易额占地区生产总值的比重	6.787	7.059	4.786
工业总产值占地区生产总值的比重	20.148	20.162	18.246
地区生产总值	10.056	10.182	8.945

资料来源:由笔者计算所得。

另外,我们还利用湖北省作为案例,以合成控制法得到了合成湖北省的地区企业创新路径。结果发现,在实施碳交易政策之前,二者的路径几乎是完全重合的,这意味着合成湖北省非常好地复制了碳交易政策实施前湖北地区企业创新的增长路径。而在

2011 年碳交易政策实施以后,实际湖北省地区专利申请数对数开始低于合成湖北省地区专利申请数对数,并且二者之间的差距逐步拉大。两者之间的差距意味着,相较于未实施碳交易政策的湖北省而言,碳交易政策的实施降低了湖北地区企业的创新。而假设没有实施碳权交易政策,2014 年湖北省潜在地区企业申请专利对数值应为 11.58 个,与实际专利申请数对数值相差 0.1 个,下降幅度大约为 1%。

为了更加直观地观察碳交易政策对湖北地区企业创新增长路径的影响,我们计算了碳交易政策实施前后真实湖北省与合成湖北的地区企业申请专利对数值的差距,结果发现,2011 年政策实施以前,两者之间的差距均在-0.05 至 0.05 之间波动、有正有负,且波动的范围较小。而在 2011 年以后,两者之间的差距为负,并且差距持续扩大,2012—2014 年间真实湖北省比合成湖北省专利申请数对数值分别低了 0.113、0.107、0.099。从计算的结果可以看出,碳交易政策的实施在一定程度上改变了湖北地区企业创新增长的原本路径,并且改变的程度随着时间的推移逐渐扩大。具体来说,实施碳交易政策降低了湖北地区企业的创新活动。

三、稳健性检验

我们主要考察碳交易政策对地方企业创新活动的影响,但文章仅选取湖北省作为研究对象,而湖北省有其本身的特点,与其他地区存在着差异,这种差异性使得研究结论可能存在偏误。同时,由于合成控制法并不能完全保证我们所得到的控制组能够准确地复制干预组潜在的演化路径(即干预组在未受到政策干预情况下的演化情况),因此评估结果也具有一定的不确定性。

上述因素均使得我们的研究结论受到更多的质疑,地区企业创新活动的下降是否是由碳交易政策所引起,或是一种偶然因素导致的?也就是说,创新活动的下降是由一些其他因素产生的,例如经济下滑、企业自身因素等。同时,相对于其他地区,受政策干预地区企业创新活动的下降是否在统计上显著?为了检验结果的稳健性,以下将分别采取双重差分法检验(DID Test)、安慰剂检验(Placebo Test)和排序检验(Permutation Test)的方法对文中的结论进行检验,以此来证明上述结论的可靠性。

双重差分法检验。尽管相比于合成控制法,双重差分法存在着一定的缺陷,但在此处我们将采用双重差分法对碳交易政策的效果进行评估,并将其与合成控制法所得结果进行对比。双重差分法模型的设定如公式(4-23)所示:

$$Innovation = \beta_0 + \beta_1 Treat_i \times year + \gamma X + \delta_i + \eta_t + \varepsilon_{it} \tag{4-23}$$

式(4-23)中,*Innovation* 表示地方企业创新水平,以规模以上企业的专利申请对数值表示。*Treat* 和 *year* 均为虚拟变量,若该省份实施碳交易政策,则取值为 1,反之为 0;而 *year* 取值为 1 表示在 2011 年碳交易政策实施以后的年份,反之为 0。*Treat* 和 *year* 交互项的系数是我们关心的重点,它表示碳交易政策对地方企业创新影响的净效应。*X* 为控制变量,分别为规模以上企业的科技活动人员数、科技活动经费内部支出及其平方项、技术引进费用、企业规模、地区生产总值、工业总产值占地区生产总值的比重、外商直接投资占地区生产总值的比重、进出口贸易占地区生产总值的比重。δ_i 、η_t 分别表示个体固定效应和时间固定效应,具体回归结果见表 4-11。

表 4-11　碳交易政策对地方企业创新的影响:DID 估计

被解释变量	Innovation	Innovation	Innovation
解释变量	(3.1)	(3.2)	(3.3)
$Treat_i \times year$	-0.124** (0.050)	-0.158** (0.062)	-0.159*** (0.061)
常数项	5.606** (2.429)	10.524*** (3.498)	5.547** (2.545)
控制变量	YES	YES	YES
时间效应	YES	YES	YES
个体效应	YES	YES	YES
省份数量	29	22	27
观测值	289	219	269
F 值	398.929	309.364	357.239
R^2	0.963	0.964	0.962

注:(1)括号内为标准误;(2) *、**、***分别表示在 10%、5%、1%的置信水平上显著。
资料来源:由笔者计算所得。

表 4-11 中(3.1)是对所有省份进行回归的结果,从交互项系数可以看出,碳交易政策对地方企业创新活动具有阻碍作用,并且该作用在 5%的置信水平上显著。而(3.2)是在控制组中剔除了东部省份后的结果,可以看出碳交易对地方企业创新活动的降低作用依旧显著。考虑到东部试点省份与中西部试点省份之间存在着明显的差异,故而会产生质疑,即碳交易政策降低湖北地区企业创新活动是否具有普遍性。为了回答这个问题,(3.3)回归中剔除了中西部碳试点省份(湖北、重庆),主要考察碳交易政策对东部试点省份地区创新的影响,回归结果与湖北省情况相类似,碳交易政策也降低了东部地区企业的创新活动。总之,从表 4-11 中可以看出,双重差分法回归结果与合成控制法所得的结果符号完全一致,进一步说明了合成控制法的稳健性。

安慰剂检验。阿巴迪(Abadie,2010)在稳健性检验中使用了安慰剂检验,本书以此对结论进行检验。该方法属于一种虚假检验,其基本思想是:对于2011年未实施碳交易政策的省份,我们将假设其受到和湖北省一样的政策干预,然后按照合成控制法对其构造控制组,用于分析2011年之后该地区与其合成控制组间地区企业创新活动的差距,并观察是否也出现显著的差异。因为假想的省份地区并没有实施碳交易政策,若上文对湖北省的估计是真实的效应,那么该地区不应该发现和湖北省一样的效应。如果发现假想地区的企业创新活动与合成组之间存在很大的差异,与湖北省的情况相类似,这表明合成控制法并没有提供一个强有力的证据来说明碳交易政策对湖北地区企业创新活动产生影响。

安慰剂检验对象的选择标准就是针对在合成湖北省中权重最大的省份,其中河南省权重为0.469,几近一半。此时,我们不仅选取权重最大的河南省而且还选取权重为0的广西作为检验对象。原因在于权重最大表明河南与湖北最为相似,而权重为0则说明广西与湖北在各个特征上都相差甚远,将两种最极端的情况作为检验对象可以更加有力地证明评估结论的稳健性。从具体的安慰剂检验结果来看,对于河南、广西而言,在碳交易政策实施前后,真实地区企业创新活动的路径与合成控制组的路径相一致,二者之间几乎没有差距,具有很好的重合度。该结果表明,河南、广西在政策实施前后并没有发生突变,故而能够在一定程度上证明碳交易政策引起了地区企业创新活动的下降,而不是偶然因素所导致的。

排序检验方法。由以上分析可知,碳交易政策降低了地区企业的创新活动,但我们并不清楚该政策效果是否在统计上显著。阿巴迪(Abadie,2010)提出了一种类似统计中秩检验(Rank Test)

的排列检验方法来检验上述估计的政策效果是否在统计上显著，以此来判断其他地区企业创新活动是否和湖北省的情况一样，并计算其概率。排列检验方法的基本思想是：分别假设控制组内所有省份在2011年也实施了碳交易政策，并使用合成控制法对其构造合成组，分别估计在假设情况下的政策效果；然后把湖北省的实际政策效果和其他控制组所得到的假想效果进行对比，如果实际效果和假想效果之间的差异足够大，则说明碳交易政策对地方企业创新活动的降低作用是显著的；反之，则说明该作用并不显著。

本书对控制组内所有16个省份进行了安慰剂检验，分别计算每个省份企业创新与合成组企业创新之间的差距，将其作为随机选择一个省份估计碳交易政策影响效果的分布。作为统计检验，如果发现湖北省的差距和整个差距分布有着明显的不同，这将意味湖北省所得到的政策效果是显著的。但是，由于我们是使用2011年之前地区企业创新的决定因素来构造合成组，如果一个省份2011年之前的平均预测标准差（实际地方专利申请数的对数值和预测的地方专利申请数的对数值差距的均方根）比较大，这在一定程度上说明模型对该省份的近似程度比较差，进而利用该省份2011年之后的差距作为对比的作用就比较弱。通过计算，我们得出湖北省2011年之前的平均预测标准差为0.0243，我们在控制组中去掉了平均预测标准差在6.9%以上的省份，这些省份的数量为8个。这些省份在2011年之前的平均预测标准差比较大，均是湖北省的3倍以上，其中内蒙古最大，是湖北省的22倍，四川省也达到了湖北省的18倍。我们还计算了在去掉8个省份之后的误差分布情况。结果发现，在2011年之前，湖北省的差距和其他省份之间差距的差异并不大，而在2011年之后，湖北省的差距与大部分省份差距的差异逐渐加大，湖北省的差距位于大部分省份分布的下方外部，尽管还有一个地区位于湖北省的下方。这意味着如果随机挑选一个省份进行评估，要想得到与湖北省一样显著的碳交易政策的影响效果并不是一个小概率事件，这说明碳交易政策的影响作用是显著的。经过上述一系列的稳健性检验，表明碳交易政策对湖北地区企业创新活动产生了负面影响，并且该影响具有一定的显著性。

以上的实证检验为我们的合成控制法分析提供了非参数检验方法，与此同时，为了更加准确地评估这一因果效应的大小和对该效应更加精细化的估计，我们仍然使用常规的参数估计对这一影响机制做进一步的梳理。

四、参数化估计的模型处理与变量选取

我们要参数化评估中国碳交易政策对地方企业创新活动的影响作用，最简单易行的方法就是直接比较一下碳政策实施前后地方创新活动的差异，以此评估碳交易政策对企业创新的影响。然而，这种简单的方法并不能准确地评估政策效果，原因在于这样做并没有充分考虑到在政策实施前后，其他因素会影响碳试点地区企业的创新活动；其次，该方法也没有考虑到同时期其他政策会影响非碳试点地区企业的创新，这些因素均会对企业创新产生影响，使得政策评估出现偏误。因此，传统简单的方法并不能准确地评估碳交易政策的影响，故而我们采取双重差分法来评估碳交易政策对地方企业创新的影响效果。

我们将主要考察中国 29 个省区市进行双重差分法实验，其中，政府选取 6 个省份及城市（研究中不包括深圳市）作为碳试点地区，这些省份和直辖市成为主要考察的干预组，其余省份均

为控制组。因此,我们以变量 *Pilot* 表示该省份是否为碳试点省份,若其为试点地区,则取值为 1,反之,则取值为 0;同时以变量 *Time* 表示时间是否在 2011 年以后,若在 2011 年以后则取值为 1,反之则为 0。综上所述,我们可以构造双向固定效应计量模型来实现双重差分法,评估碳交易政策对企业创新的净效应,具体见公式(4-24):

$$Innovation_{it}=\alpha+\beta\ Pilot_i\times Time_t+\gamma\ X_{it}+\delta_t+\mu_i+\varepsilon_{it} \qquad (4-24)$$

式(4-24)中,i 和 t 分别表示第 i 个地区和第 t 年,其中,$Innovation_{it}$表示被解释变量,即企业创新水平。δ_t 表示时间固定效应,μ_i 表示省份(地区)的个体固定效应,ε_{it} 表示随机扰动项,X_{it} 表示所选取的一系列控制变量。对于上述模型,系数 β 的估计值是我们关心的重点,它衡量的是碳交易政策对地区企业创新影响的净效应,若 $\beta<0$,说明碳交易政策对企业创新活动具有阻碍作用,反之,则说明该政策积极推动地方企业的创新。

我们主要评估中国实施碳交易政策对地方企业创新活动的影响。鉴于其他因素也会影响到企业的创新活动,因此,我们选取相关的控制变量,具体变量及其说明详见表 4-12。

表 4-12 主要变量及其说明

变量	变量含义	计算方法
Innovation1	发明专利数	发明专利数取对数
Innovation2	专利申请数	专利申请数取对数
Per	人才投入	科技活动人员取对数
R&D	研发资金投入	科技活动经费内部支出取对数
$(R\&D)^2$	研发资金投入平方	科技活动经费内部支出取对数后平方
Income	营业能力	新产品收入取对数

续表

变量	变量含义	计算方法
Tech	技术引进	技术引进费用取对数
FDI	外商直接投资	(外商直接投资总额/地区生产总值)×100
Open	市场开放度	(进出口贸易总额/地区生产总值)×100

资料来源:由笔者整理所得。

主要变量。本书的被解释变量为企业创新,为了更好地度量企业创新,此处选取各地区规模以上工业企业的专利申请数和发明专利数,以求更加全面地刻画地方企业的创新水平。值得一提的是,研究受数据的限制,无法获取地区具体的微观企业数据,而是以地区规模以上工业企业的总水平作为替代,之所以选择规模以上工业企业,原因在于考虑到政府实施碳交易政策的目的,其主要是通过对碳排放量高的企业施加碳约束,从而减少企业的碳排放,改善环境质量。而碳排放量较高的企业中工业企业所占比例无疑是重中之重,因此,与其他行业的企业相比较,选取工业企业可以更好地保证我们对碳交易政策的评估。而本书的核心解释变量则是 2011 年后碳试点省份,即模型中的交互项,以此作为主要的解释变量。

控制变量。为了更好地控制其他相关因素对企业创新的影响,我们选取了一系列控制变量。首先,从企业自身创新出发,选取规模以上工业企业的科技人员投入和资金投入,这是进行创新活动的基础。可以肯定,在创新过程中所投入的人才和资金,对于企业的创新活动具有正向推动作用。为了更好地判断研发资金投入与企业创新之间的非线性关系,我们还选取了研发投入资金的二次项,用于考察二者之间的非线性关系。同时,也注意到企业进行创新活动的激励在于获取创新活动所带来的经济收益,创新所带来的经济收益越大,则其对企业进行创新的激励就越大,企业就会有更大的动力来进行创新;反之,创新所带来的经济收益越小,则其对企业进行创新的激励就越小,企业便没有动力来进行创新。为了很好地研究这种激励,本书选取新产品销售收入来衡量企业进行创新所获得的收益。

其次,考虑到企业的外部环境对企业的创新活动也会产生一定的影响,因此本书选取地方技术引进、外商直接投资以及市场开放度来衡量企业所处的外部环境。在地方经济活动中,外商直接投资发挥着重要的作用,它同样对企业的创新活动产生影响,因此,本书通过计算"地区实际利用外商直接投资额/地区生产总值"来衡量外商直接投资,考察其对企业创新的作用。此外,市场的开放有利于知识传播和技术扩散,其对企业的创新可能也会产生一定的作用,因此通过计算"地区进出口贸易总额/地区生产总值"来衡量市场开放度。由于地区实际利用外商直接投资额与地区进出口贸易总额的原始数据均是以美元表示,故使用相应的各年汇率进行换算调整。以上所述,大部分指标来自《中国科技统计年鉴》,而地区实际利用外商直接投资额、进出口贸易总额以及地区生产总值均来自《中国统计年鉴》。表 4-13 给出了主要变量的描述性统计。

表 4-13　主要变量的描述性统计

变量	均值	标准差	最小值	最大值
Innovation1	8. 6969	1. 3888	5. 1704	11. 6580
Innovation2	7. 6874	1. 3615	4. 0254	10. 9264
Per	10. 8188	1. 2002	6. 9402	13. 2230

续表

变量	均值	标准差	最小值	最大值
R&D	14.0123	1.2844	10.0020	16.4867
$(R\&D)^2$	198.0040	35.3418	100.0395	271.8115
Income	16.6266	1.3530	12.4262	19.2768
Tech	12.2619	1.7181	7.3596	15.6289
FDI	32.5766	38.4227	4.8151	372.8906
Open	14.3115	20.9204	0.0367	98.5567

资料来源：由笔者计算所得。

五、检验结果

碳交易政策对企业创新的影响。在对模型回归分析之前，我们首先用普通最小二乘法来评估碳交易政策对企业创新的影响效果，具体回归结果见表4-14。从表4-14中可以看出，无论以企业申请专利数还是以发明专利数来衡量地方企业创新水平，碳交易政策对企业的创新活动均具有显著的阻碍作用，这说明政府在地方实施碳交易政策并没有有效地促进地方企业进行创新，相反，阻碍了地方企业的创新活动。

表4-14　碳交易政策对企业创新的影响：OLS估计

变量	(4.1)	(4.2)	(4.3)	(4.4)
	Innovation1	Innovation1	Innovation2	Innovation2
Pilot×Time	−0.152** (0.058)	−0.171* (0.089)	−0.236*** (0.062)	−0.269*** (0.079)
Times	0.820*** (0.036)	0.358*** (0.052)	0.912*** (0.045)	0.480*** (0.056)
Pilot	1.333*** (0.423)	0.320** (0.138)	1.486*** (0.470)	0.486*** (0.139)
Per	—	0.863*** (0.200)	—	0.691*** (0.208)

续表

变量	(4.1)	(4.2)	(4.3)	(4.4)
	Innovation1	Innovation1	Innovation2	Innovation2
R&D	—	-1.298*** (0.454)	—	-1.394*** (0.423)
$(R\&D)^2$	—	0.041* (0.021)	—	0.053*** (0.018)
Income	—	0.355* (0.178)	—	0.211 (0.148)
Tech	—	-0.011 (0.034)	—	-0.042 (0.047)
FDI	—	0.002* (0.001)	—	0.001* (0.001)
Open	—	0.000 (0.003)	—	0.004 (0.003)
_cons	8.027*** (0.283)	3.421 (3.956)	6.946*** (0.258)	5.763* (3.356)
N	174	174	174	174
F	249.006	337.811	258.216	386.842
r2_a	0.203	0.942	0.256	0.934

注:(1)括号内为标准误差;(2)*、**、***分别表示在10%、5%、1%的置信水平上显著;(3)所有回归均采用了以地区为聚类变量的聚类稳健标准误差。
资料来源:由笔者计算所得。

表4-14中显示的仅仅是普通最小二乘法回归的结果,为了与该结果进行比较,此处将采用双向固定效果模型对模型进行回归,具体结果见表4-15。表4-15中第(5.1)—(5.4)列是对所有样本进行回归的结果,可以看出即使在控制了省份个体效应和时间固定效应后,碳交易政策对企业的创新活动仍然显著为负,并且表4-15中碳交易政策对企业创新活动的估计系数有所下降。但二者相比系数变化程度并不高,说明该准自然实验中,样本满足随机性分配,一定程度上排除了政策内生性问题。当然,内生性问题还需要在下文进行进一步的验证。

除了碳交易政策对企业创新活动影响以外，从表 4-15 中还可以看出科技创新过程中所需要的科研人员的投入对其具有显著的促进作用，并且创新所需要的资金支持对创新也具有积极作用，这与预期完全一致。同时，科研投入资金平方项的系数显著为负，说明科研投入资金对企业创新的影响作用呈现出倒"U 型"，表明资金投入对企业创新的作用先增长、后下降，这就要求企业在整个创新的过程中，其他要素要进行配套的投入，试图只通过增加科研资金在短期中可以促进企业的创新活动，但长期中并不能有效地促进企业的创新活动。

表 4-15 碳交易政策对企业创新的影响：双向固定效应模型

变量	DID				PSM-DID			
	(5.1)	(5.2)	(5.3)	(5.4)	(5.5)	(5.6)	(5.7)	(5.8)
	Innovation1		Innovation2		Innovation1		Innovation2	
Pilot×Time	-0.152** (0.059)	-0.099* (0.057)	-0.236*** (0.063)	-0.162*** (0.053)	-0.171** (0.072)	-0.162** (0.070)	-0.187** (0.092)	-0.170** (0.085)
Per	—	0.269*** (0.082)	—	0.361*** (0.113)	—	0.245** (0.109)	—	0.321** (0.133)
R&D	—	1.004** (0.444)	—	1.583*** (0.489)	—	0.956*** (0.363)	—	1.584*** (0.441)
$(R\&D)^2$	—	-0.038** (0.017)	—	-0.057*** (0.020)	—	-0.034** (0.014)	—	-0.054*** (0.017)
Income	—	0.149* (0.075)	—	0.159* (0.078)	—	0.154*** (0.057)	—	0.161** (0.069)
Tech	—	-0.008 (0.015)	—	-0.036** (0.015)	—	-0.007 (0.013)	—	-0.036** (0.015)
FDI	—	0.002*** (0.000)	—	0.003*** (0.000)	—	0.002*** (0.001)	—	0.003*** (0.001)
Open	—	-0.002 (0.003)	—	-0.003 (0.005)	—	-0.001 (0.004)	—	-0.004 (0.005)
常数项	8.243*** (0.028)	-3.498 (3.185)	7.201*** (0.034)	-9.794*** (2.913)	8.100*** (0.025)	-3.568 (2.593)	7.036*** (0.032)	-9.912*** (3.151)
时间效应	YES	YES	YES	YES	YES	YES	YES	YES

续表

变量	DID				PSM-DID			
	(5.1)	(5.2)	(5.3)	(5.4)	(5.5)	(5.6)	(5.7)	(5.8)
	Innovation1		Innovation2		Innovation1		Innovation2	
个体效应	YES	YES	YES	YES	YES	YES	YES	YES
N	174	174	174	174	155	155	155	155
F	187. 217	546. 627	114. 931	229. 117	302. 791	168. 703	234. 348	143. 274
R^2	0. 934	0. 944	0. 915	0. 935	0. 937	0. 950	0. 920	0. 942

注:(1)括号内为标准误差;(2)*、**、***分别表示在10%、5%、1%的置信水平上显著;(3)所有回归均采用了以地区为聚类变量的聚类稳健标准误差。

资料来源:由笔者计算所得。

除了人才和资金的投入以外,企业创新所获得的新产品销售收入对企业的创新具有一定的激励,若新产品的销售收入越大,则企业进行创新活动的激励就越大,企业便会进行更多的创新以获得丰厚的回报,反之亦反。从表4-15中新产品销售收入的系数可以看出,其对企业的创新活动具有促进作用,并且该作用在10%的置信水平上显著,实证结果完全符合上述理论分析。此外,技术引进对地方企业的创新具有一定的抑制作用。而外商直接投资对企业的创新具有显著的促进作用,并且该作用具有良好的稳健性。外商直接投资对地方企业来说,提供了创新所需要的资金以及相应的人才,并带来了新的知识、技术以及先进的管理等,这些因素对企业的创新活动均具有重要的推动作用。同时,从表4-15中也可以看出,市场开放对地方企业的创新活动并不具有显著的影响。

表4-15中第(5.1)—(5.4)列是对所有样本进行回归的结果。但是,我们考虑到碳交易试点的省份主要分布在中国的东部、中部地区,其中东部地区约占70%,而控制组内省份却分布在东、中、西部各个地区,由于中国经济发展存在着严重的区域不平衡,从而

导致省份之间的差异较大,这种差异可能会引起政策评估出现偏误;其次,省份之间的较大差异可能会违背平行趋势假设。有鉴于此,为了排除省份间差异所引起的评估的偏误,此处还采用了PSM-DID(倾向评分匹配—双重差分法)对文章中的结论进行稳健性检验。具体匹配过程为:首先,以省份地区是否受到干预为因变量,以科研资金投入、人才投入、技术引进等因素为自变量,利用Probit模型计算倾向得分值;其次,根据所计算出来的倾向得分值,采取半径匹配法(Radius Matching Method)对干预组内各个省份寻求与其相似的控制组内样本省份,考虑到样本数量的限制,半径值选定为0.09。经过匹配,我们删除了19个省份地区,最终剩余155个样本,然后再对剩余样本省份进行双重差分法分析,具体的回归结果见表4-15中第(5.5)—(5.8)列。从表4-15中可以看出,碳交易政策对企业的创新依然呈现出负向作用,并且该作用显著。同时,与表4-15中普通的双重差分法回归结果相比较,匹配后回归的系数略有波动,但幅度较小,这从侧面说明省份之间差异对政策评估的结果并未产生严重偏误,也间接证明了表4-15中第(5.1)—(5.4)列所得出的结果具有很好的稳健性。

碳交易政策对企业创新影响的动态效应检验。上述的回归结果有力地说明了碳交易政策对企业创新活动的平均作用。然而,事实上,碳交易政策的实施具有一定的持续性,其对企业的影响并不一定是当期有效的,原因在于:一方面,对企业来说,碳交易政策的实施对企业内部的科研投入产生直接影响,改变了企业原计划的科研投入,并且企业从长期战略出发,调整长期的科研状况,从而碳交易政策的实施对企业研发具有长期作用;另一方面,就科研投入产出而言,当期的科研投入并不一定就会获得当期产出,存在着明显的延迟特征。故而,可以推断碳交易政策的实施对企业的创新活动具有一定的长期影响。为了检验这一理论预期,下面将检验碳交易政策对企业创新的动态效应,我们在模型基础上建立以下模型,见公式(4-25):

$$Innovation_{it} = \alpha + \sum \beta_k Pilot\_Year_{it}^k + \gamma X_{it} + \delta_t + \mu_i + \varepsilon_{it} \tag{4-25}$$

式(4-25)中,变量 $Pilot\_Year_{it}^k$ 表示试点省份实施碳交易政策后第 k 年的年度虚拟变量(其中,$k=1,2$)。β_k 衡量了在碳交易政策实施第 k 年后,该政策对企业创新的影响作用。具体回归结果见表4-16所示。

表 4-16 碳交易政策对企业创新的影响:动态效应检验

变量	(6.1)	(6.2)	(6.3)	(6.4)
	Innovation1	Innovation1	Innovation2	Innovation2
$Pilot\_Year^1$	-0.147*** (0.048)	-0.100** (0.039)	-0.245*** (0.060)	-0.175*** (0.041)
$Pilot\_Year^2$	-0.171*** (0.052)	-0.136** (0.052)	-0.254*** (0.066)	-0.212*** (0.060)
Per	—	0.259*** (0.080)	—	0.344*** (0.109)
R&D	—	1.040** (0.433)	—	1.641*** (0.480)
$(R\&D)^2$	—	-0.039** (0.016)	—	-0.058*** (0.020)
Income	—	0.155** (0.075)	—	0.169** (0.079)
Tech	—	-0.010 (0.015)	—	-0.038** (0.015)
FDI	—	0.002*** (0.000)	—	0.003*** (0.000)
Open	—	-0.003 (0.003)	—	-0.004 (0.005)

续表

变量	(6.1)	(6.2)	(6.3)	(6.4)
	Innovation1	**Innovation1**	**Innovation2**	**Innovation2**
常数项	8.243*** (0.028)	−3.779 (3.121)	7.201*** (0.034)	−10.243*** (2.876)
时间效应	YES	YES	YES	YES
个体效应	YES	YES	YES	YES
N	174	174	174	174
F	219.708	653.989	115.522	216.587
R^2	0.934	0.945	0.915	0.936

注:(1)括号内为标准误差;(2)*、**、***分别表示在10%、5%、1%的置信水平上显著;(3)所有回归均采用了以地区为聚类变量的聚类稳健标准误差。
资料来源:由笔者计算所得。

表4-16的回归结果表明,不管以企业的申请专利数还是发明专利数来衡量企业创新活动,碳交易政策对企业的创新活动均具有阻碍作用,并且该作用显著。而从碳交易政策的动态效应来看,碳交易政策对企业创新的阻碍作用具有长期性,并且阻碍力度会随着碳交易政策执行时间的推移而增加,这说明碳交易政策对地区创新的阻碍作用随着时间增加而具有"边际递增"的效果。具体而言,对比表4-16中$Pilot_Year^1$、$Pilot_Year^2$的系数可以看出,在政策实施2年后,其对企业创新的阻碍作用要大于政策实施1年后对企业创新的阻碍作用。通过动态效应检验表明,碳交易政策对地区企业的创新活动具有显著的阻碍作用,并且该作用随着时间的推移逐步增强。

碳交易政策对企业创新影响的异质性分析。从上述分析可知,碳交易政策的实施对企业的创新活动具有显著的阻碍作用。但该作用是否在不同地区间存在着差异?或者该作用对所有地区是否具有相同的影响力?为了回答这些问题,此处将碳交易政策对地区企业创新活动的影响进行异质性分析。从实施碳交易政策的省份来看,大体可以分为两类:一类为是否为直辖市,另一类为是否为中国最发达地区。有鉴于此,为了检验该作用是否存在着异质性,我们将以这两类划分为考察点,在原始模型基础上建立以下模型,进一步分析碳交易政策对企业创新活动的阻碍作用是否在直辖市与非直辖市、发达地区与非发达地区之间存在着差异。具体模型见公式(4-26):

$$Innovation_{it} = \alpha + \beta Pilot_i \times Time_t \times Region_i^s + \gamma X_{it} + \delta_t + \mu_i + \varepsilon_{it} \quad (4-26)$$

式(4-26)中,变量 $Region_i^s$ 表示第 i 个省份是否属于经济发达地区($s=1$)或直辖市($s=2$),若其属于经济发达地区,则 $Region^1$ 取值为1,其他省份均取值为0;同理,若其属于直辖市,则 $Region^2$ 取值为1,其他省份均取值为0。β 衡量了碳交易政策对企业创新活动的影响是否在经济的不同发展地区、直辖市之间存在着地区差异。

对模型回归结果见表4-17,就企业发明专利数而言,碳交易政策对企业创新活动的阻碍作用在不同地区之间并不存在显著的差异。而对专利申请数来说,从表4-17第(7.3)列可以看出,与不发达地区相比,碳交易政策对企业创新的阻碍作用在发达地区的影响程度更强,主要因为发达地区原有的创新能力、范围等均高于不发达地区,故而其受到政策的影响范围更广、作用更大;而从表4-17第(7.4)列可以看出,碳交易政策对企业创新的阻碍作用在直辖市上表现得更加明显,并且该作用在5%的置信水平上显著,可能由于直辖市有着更加完善的监督体制,能够更加有力地实施碳交易政策、执行力强,这就使得直辖市内企业受到更大的政策限制，从而降低其收益、减少科研投入，最终使得创新水平普遍降低。结合以上分析可知，碳交易政策对企业创新活动的阻碍作用具有明显的异质性。

表 4-17　碳交易政策对企业创新影响的异质性分析

变量	(7.1)	(7.2)	(7.3)	(7.4)
	Innovation1	Innovation1	Innovation2	Innovation2
$Pilot \times Time \times Region^1$	-0.049 (0.090)	—	-0.149* (0.077)	—
$Pilot \times Time \times Region^2$	—	-0.061 (0.069)	—	-0.132** (0.058)
Per	0.267*** (0.088)	0.275*** (0.086)	0.352*** (0.119)	0.373*** (0.118)
R&D	1.146** (0.421)	1.120** (0.440)	1.787*** (0.458)	1.750*** (0.481)
$(R\&D)^2$	-0.044** (0.016)	-0.043** (0.017)	-0.066*** (0.020)	-0.064*** (0.021)
Income	0.162** (0.074)	0.155* (0.076)	0.174** (0.078)	0.164* (0.080)
Tech	-0.009 (0.015)	-0.009 (0.015)	-0.038** (0.015)	-0.037** (0.015)
FDI	0.002*** (0.000)	0.002*** (0.000)	0.003*** (0.001)	0.003*** (0.001)
Open	-0.002 (0.004)	-0.002 (0.004)	-0.005 (0.006)	-0.002 (0.005)
常数项	-4.432 (3.079)	-4.278 (3.223)	-10.875*** (2.793)	-10.824*** (3.002)
时间效应	YES	YES	YES	YES
个体效应	YES	YES	YES	YES
N	174	174	174	174
F	435.495	504.593	160.698	248.009
R^2	0.943	0.943	0.933	0.933

注：(1)括号内为标准误差；(2)*、**、***分别表示在10%、5%、1%的置信水平上显著；(3)所有回归均采用了以地区为聚类变量的聚类稳健标准误差。

资料来源：由笔者计算所得。

六、参数化的稳健型检验

平行趋势假设检验。使用双重差分法来评估中国碳交易政策对企业创新的影响作用,其中一个重要的前提就是平行趋势假设,即如果不存在碳交易政策的冲击,干预组和控制组之间的发展趋势应该是平行的,并且不随着时间而发生系统性的差异。对此,下面将进行一系列的检验。

首先,我们根据以往大部分文献对平行趋势的检验方法,对比了干预组与控制组之间的变量关系,以此来说明政策实施前后的变化情况。具体而言,本书主要考察碳交易政策对企业创新活动的影响,因此我们将分别比较实施碳交易政策的省份与未实施碳交易政策的省份之间企业申请专利数、发明专利数的变化趋势。结果发现:第一,无论以申请专利数还是以发明专利数来衡量企业的创新水平,均可得出在2012年实施碳交易政策之前,干预省份与控制省份之间企业创新活动具有相同的发展趋势,几乎完全平行;第二,在2012年政策实施以后,政策干预省份与控制省份的发展趋势出现明显的差异。具体来说,实施碳交易政策省份的企业专利申请数、发明专利数出现了增长速度变慢,这与上文中动态效应检验的结果相一致;而对于没有受到碳交易政策影响的省份,其地区企业创新仍然保持着原有的发展趋势,遵循着自然的演化路径。总之,平行趋势检验直观地表明碳交易政策对企业的创新活动具有一定的作用。

其次,为了进一步通过科学严密的方法来说明平行趋势假设,此处将采取反事实检验来证明上述假设。具体来说,我们将分别通过改变政策干预的省份以及政策实施的年份来构造反事实,并以此来检验平行趋势假设。对文中所考察的样本,最易受到质疑的便是政府在选择碳试点省份时，可能考虑到省份的发展水平、市场规模以及制度环境等因素，优先选择那些条件好的省份作为试点对象，这就使得省份之间本身就存在着发展趋势不一致，从而导致政策评估的偏误。为了解决该问题，我们需要检验不同省份之间是否存在着系统性的差异。从碳试点省份的样本选择可以看出，大部分试点城市主要集中在中国的东部地区和中部地区。同时，与碳试点省份相比较，经济发达且条件优越的省份均分布在东部和中部地区，因此，从省份分布的地理位置出发，是检验省份间共同趋势的一个理想视角。

有鉴于此，我们将分别以不包括碳试点省份在内的其他东部省份、中部省份为考察样本，检验碳交易政策对这些地区的企业创新活动的影响。如果碳交易政策对这些地区企业创新具有显著的影响，则说明不同省份之间确实存在着系统性的差异，违背了平行趋势假设；反之，则说明不同省份的发展趋势并不因为省份之间的经济水平、制度环境等因素而产生系统性差异，满足双重差分法所要求的平行趋势假设。将其余的东部省份和中部省份分别作为假想干预组，检验其对企业创新的影响，具体的回归结果见表 4-18。从表 4-18 中可以看出，无论以哪个指标来衡量企业创新，碳交易政策对假想干预省份的企业创新均不具有显著的影响，同时，其余变量的影响作用并未发生明显变化。这说明在不考虑碳试点政策的影响下，干预组和控制组保持着共同的发展趋势，并无系统性差异，也说明表 4-15 中双重差分法所得出的结果是有效的。

表 4-18　反事实检验:改变试点省份

变量	(8.1)	(8.2)	(8.3)	(8.4)
	Innovation1	Innovation1	Innovation2	Innovation2
East×Time	-0.058 (0.055)	—	0.030 (0.069)	—
Middle×Time	—	0.014 (0.081)	—	0.001 (0.101)
Per	0.291*** (0.093)	0.273*** (0.089)	0.356** (0.130)	0.366*** (0.123)
R&D	1.124** (0.419)	1.181** (0.435)	1.877*** (0.494)	1.856*** (0.438)
$(R\&D)^2$	-0.043** (0.017)	-0.045** (0.016)	-0.069*** (0.022)	-0.068*** (0.020)
Income	0.167** (0.074)	0.165** (0.071)	0.187** (0.076)	0.188** (0.073)
Tech	-0.009 (0.015)	-0.009 (0.015)	-0.037** (0.015)	-0.037** (0.015)
FDI	0.002*** (0.000)	0.002*** (0.000)	0.003*** (0.001)	0.003*** (0.001)
Open	-0.002 (0.004)	-0.002 (0.004)	-0.001 (0.006)	-0.002 (0.006)
常数项	-4.784 (2.851)	-4.887 (3.415)	-11.849*** (2.914)	-11.875*** (2.969)
时间效应	YES	YES	YES	YES
个体效应	YES	YES	YES	YES
N	174	174	174	174
F	426.840	418.391	270.936	174.949
R^2	0.943	0.943	0.931	0.931

注:(1)括号内为标准误差;(2)**、***分别表示在5%、1%的置信水平上显著;(3)所有回归均采用了以地区为聚类变量的聚类稳健标准误差。

资料来源:由笔者计算所得。

首先,反事实检验。为了进一步对上述结果进行稳健性检验,通过改变政策实施的具体时间来进行反事实检验。这种方法主要是考察除了碳试点政策以外,其他的一些政策或随机性因素是否对企业创新产生影响,而这种影响与碳试点政策的实施并无关联。

如果这些政策或随机性因素对企业创新产生一定的影响,那么会导致上述评估结果出现偏误。为了更好地排除这些因素的干扰,我们将碳交易政策实施的时间提前 2 年,如果此时碳交易政策对企业创新具有显著作用,则说明企业的创新来自其他政策的实施或随机性因素,而不是碳试点政策的实施结果;相反,如果其对企业创新的影响作用不显著,则说明企业创新的影响来自碳试点政策,具体回归结果见表 4-19。从表 4-19 中可以看出,碳交易政策实施时间的提前并没有对企业的创新产生显著的影响,这说明企业创新的降低并不是来自其他政策的作用或随机性因素,而是来自碳交易政策的实施。

表 4-19 反事实检验:改变政策干预时间

变量	(9.1)	(9.2)	(9.3)	(9.4)
	Innovation1	Innovation1	Innovation2	Innovation2
Pilot×Time	-0.114 (0.072)	-0.065 (0.086)	-0.104 (0.077)	-0.033 (0.091)
Per	—	0.275*** (0.085)	—	0.368*** (0.118)
R&D	—	1.081** (0.456)	—	1.809*** (0.522)
$(R\&D)^2$	—	-0.042** (0.018)	—	-0.066*** (0.023)
Income	—	0.162** (0.073)	—	0.185** (0.076)
Tech	—	-0.009 (0.015)	—	-0.037** (0.015)
FDI	—	0.002*** (0.000)	—	0.003*** (0.001)
Open	—	-0.001 (0.005)	—	-0.002 (0.006)
常数项	8.243*** (0.028)	-4.180 (3.136)	7.201*** (0.034)	-11.565*** (3.064)

续表

变量	(9.1)	(9.2)	(9.3)	(9.4)
	Innovation1	**Innovation1**	**Innovation2**	**Innovation2**
时间效应	YES	YES	YES	YES
个体效应	YES	YES	YES	YES
N	174	174	174	174
F	164.993	433.068	86.859	179.652
R^2	0.931	0.943	0.907	0.931

注:(1)括号内为标准误差;(2)* *、* * *分别表示在5%、1%的置信水平上显著;(3)所有回归均采用了以地区为聚类变量的聚类稳健标准误差。

资料来源:由笔者计算所得。

其次,伪回归检验。为了进一步说明试点省份企业创新活动的下降并不是由于其他因素所引起,而是由于碳交易政策的实施所产生的,我们将采取"伪回归检验"的方法对本书的结论进行再次的稳健性检验。我们注意到,政府在实施碳交易政策的同时,也分别在2012年内不同时间选取了上海市、北京市、天津市、江苏省、浙江省、安徽省、福建省、湖北省、广东省等9个省市,进行"营改增"试点,其范围涵盖了研发和技术行业与信息技术行业,为了防止"营改增"试点政策对碳试点政策评估结果的有偏影响,我们在此以该政策为考察点进行伪回归检验。具体做法就是以"营改增"试点省份为干预组,其他剩余地区为控制组,以2013年为政策实施年份,通过双重差分法对"营改增"政策进行评估,具体回归结果见表4-20。表4-20中第(10.1)列和第(10.2)列是对所有样本省份进行回归的结果,可以看出"营改增"政策对地区企业的创新活动并没有产生显著影响。当然,为了进一步与碳试点政策进行对比,我们在"营改增"试点省份中剔除了受到碳交易政策干预的省份,对仅受到"营改增"政策干预的省份进行回归,结果见表

4-20 中第(10.3)列和第(10.4)列。结果显示,即使在剔除碳试点省份之后,"营改增"政策对企业创新活动的作用依旧不显著。因此,可以说明碳试点省份企业创新活动的下降并不是来自其他因素或政策,而仅仅来自碳交易政策的实施,伪回归的检验给该结论提供了一个有力的证据。

表 4-20　伪回归检验

变量	(10.1)	(10.2)	(10.3)	(10.4)
	Innovation1	Innovation2	Innovation1	Innovation2
Pilot×Time	-0. 068 (0. 066)	-0. 059 (0. 087)	0. 011 (0. 091)	0. 056 (0. 118)
Per	0. 280*** (0. 088)	0. 373*** (0. 117)	0. 242** (0. 087)	0. 339*** (0. 114)
R&D	1. 048** (0. 427)	1. 749*** (0. 483)	0. 932* (0. 542)	1. 647** (0. 606)
$(R\&D)^2$	-0. 040** (0. 016)	-0. 063*** (0. 021)	-0. 033 (0. 021)	-0. 058** (0. 025)
Income	0. 165** (0. 075)	0. 187** (0. 078)	0. 156* (0. 080)	0. 158* (0. 082)
Tech	-0. 008 (0. 015)	-0. 036** (0. 015)	-0. 008 (0. 016)	-0. 040** (0. 016)
FDI	0. 002*** (0. 000)	0. 003*** (0. 001)	0. 002*** (0. 000)	0. 003*** (0. 001)
Open	-0. 004 (0. 005)	-0. 004 (0. 007)	-0. 001 (0. 008)	-0. 006 (0. 010)
常数项	-4. 150 (3. 176)	-11. 332*** (3. 119)	-3. 523 (3. 547)	-10. 246*** (3. 417)
时间效应	YES	YES	YES	YES
个体效应	YES	YES	YES	YES
N	174	174	138	138
F	574. 601	173. 887	872. 149	191. 124
R^2	0. 943	0. 932	0. 942	0. 935

注:(1)括号内为标准误差;(2)*、**、***分别表示在 10%、5%、1%的置信水平上显著;(3)所有回归均采用了以地区为聚类变量的聚类稳健标准误差。

资料来源:由笔者计算所得。

最后,内生性及工具变量检验。对于本书所要研究的问题,可能存在潜在内生性问题。原因在于:一方面,由于当前数据的可获得性,模型中可能存在着重要变量的遗漏,而遗漏变量若与随机扰动项相关,其必导致模型中估计结果的有偏;另一方面,中国政府选择合适的省份地区进行碳试点,最终目的是将来在全国进行推广,建立有效、统一的碳市场。鉴于政府的目标,其在选择试点省份时可能会优先选择经济发展水平高、制度建设完善以及能够很好地坚持实施碳交易政策的省份,而这些省份的企业创新水平可能原本就高于其他地区,故而,可能存在着双向因果关系。而这些因素均会导致模型中存在潜在内生性。为了解决潜在内生性问题,我们将进一步对政策干预变量构造工具变量,并采用两阶段最小二乘法(2SLS)对上文结果进行稳健性检验。

工具变量的选择应该满足两个基本条件:工具变量与内生变量高度相关,同时和随机扰动项不相关。鉴于此条件的要求并结合政府实施碳交易的最终目标,我们对碳试点省份所属区域进行分析,结果发现政府所选择的碳试点省份几乎都是当前中国经济发展过程中的主要经济带,如北京市和天津市属于环渤海经济区、上海市属于长江三角洲、重庆市属于成渝经济区、广东省属于珠江三角洲、湖北省属于长江经济带中部地区。根据碳试点的目的和碳试点省份所在的地理位置,我们有理由相信政府选择这些省份进行试验,是为了测试不同地区对碳交易政策的效果,以便未来在全国实施差异化的碳交易政策。因此,下文将从地理位置出发构造工具变量。具体来说,我们以试点省份到所属经济带的地理距离作为工具变量,若该省份属于某一经济带,将以该省份的省会城市面积作为计算基础,具体方法见表 4-21。

表 4-21　工具变量构造表

试点省份	所处地理位置	工具变量构造法
北京市	环渤海经济区	北京市与天津市之间地理距离的一半
天津市	环渤海经济区	北京市与天津市之间地理距离的一半
上海市	长江三角洲	$\sqrt{上海市面积/\pi}$
重庆市	成渝经济区	重庆市与成都市之间地理距离的一半
广东省	珠江三角洲	$\sqrt{广州市面积/\pi}$
湖北省	长江经济带中部地区	$\sqrt{武汉市面积/\pi}$

注：此处借鉴了 Poncet（2003）提出的关于省内贸易距离的计算方法，$\sqrt{Area/\pi}$。
资料来源：由笔者整理所得。

从工具变量的构造可以看出，本书所构造的工具变量与地区企业创新活动并不存在相关性，而该变量与其省份能否被选作试点具有高度相关性，因为政府之所以选择这些试点省份，就是考虑到这些省份所属地区的特殊性，试图评估不同区域对碳交易政策的反应，方便未来的全国推广以及实施差异化的政策，因此可以说明本书选择的工具变量是符合要求的。具体的回归模型见公式（4-27）和公式（4-28）：

第一阶段：$Pilot_i \times Time_t = \lambda + \varphi\ Distance_i \times Time_t + \gamma\ X_{it} + \delta_t + \mu_i + \varepsilon_{it}$　（4-27）

第二阶段：$Innovation_{it} = \alpha + \beta\ Pilot_i \times Time_t + \gamma\ X_{it} + \delta_t + \mu_i + \varepsilon_{it}$　（4-28）

表 4-22 是利用工具变量进行两阶段最小二乘估计的结果，并对工具变量进行相关检验。从表 4-22 中可以看出，碳交易政策对企业创新的影响作用依旧显著为负，并且工具变量回归系数与表 4-15 中所估计的系数相比较，数值仅在小范围内波动。同时，表

4-22中对工具变量的统计检验也说明了该工具变量符合相应要求。因此,表4-22中的结果进一步说明,模型中由遗漏变量和双向因果所导致的内生性问题并不严重,书中所得出的结果仍然稳健。

表4-22 碳交易政策对企业创新的影响:工具变量检验

变量	(12.1)	(12.2)	(12.3)	(12.4)
	Innovation1	Innovation1	Innovation2	Innovation2
Pilot×Time	-0.150*** (0.057)	-0.090* (0.053)	-0.230*** (0.072)	-0.151** (0.064)
Per	—	0.269*** (0.103)	—	0.361*** (0.124)
R&D	—	1.017*** (0.348)	—	1.602*** (0.417)
$(R\&D)^2$	—	-0.039*** (0.013)	—	-0.057*** (0.016)
Income	—	0.150*** (0.055)	—	0.161** (0.066)
Tech	—	-0.008 (0.012)	—	-0.036** (0.015)
FDI	—	0.002*** (0.001)	—	0.003*** (0.001)
Open	—	-0.002 (0.003)	—	-0.003 (0.004)
常数项	8.243*** (0.024)	-3.601 (2.534)	7.201*** (0.030)	-9.936*** (3.038)
时间效应	YES	YES	YES	YES
个体效应	YES	YES	YES	YES
N	174	174	174	174
R^2	0.9363	0.9487	0.9183	0.9401
一阶段回归				
iv	0.01*** (0.000)	0.011*** (0.000)	0.01*** (0.000)	0.011*** (0.000)
Cragg-Donald Wald F statistic	359.23	492.92	359.23	492.92

注:(1)括号内为标准误差;(2)*、**、***分别表示在10%、5%、1%的置信水平上显著。
资料来源:由笔者计算所得。

环境问题的治理和对温室气体排放的规制是人类共同的责任，这不仅仅关乎生态系统的平衡，同时也关乎人类自身的生存条件。碳排放与交易政策目前作为公认的一种有效限制二氧化碳过度排放、提高能源效率的方法，其政策效应到底如何却广受研究者争论。而企业技术创新作为环境规制政策是否成功的标志之一，也同样备受瞩目。在当前大量的文献研究中，欧洲碳排放交易体系作为一个规范且较为成熟的政策系统，吸引了众多学者的目光和关注。而针对其研究结果:环境规制是否影响了企业创新，这一点尚无法达成共识。但除去理论预测和案例分析之外，通过实证检验的文章大多数支持这一论断，认为碳排放与交易政策能够显著促进企业创新能力。

而本节则从受到较少关注的中国的碳排放与交易政策出发，通过非参数与参数检验，来研究这一论断在中国是否同样成立。结果发现，同样的环境规制政策具有地区异质性，中国的碳排放与交易试点政策抑制了企业创新能力，并且该结果具有显著性。这一点，在经过一系列稳健性检验之后依然成立。就目前的实证结果表明，环境规制政策在不同的地区发挥着不同的效果，具有显著的区域异质性，因此不能一概而论。碳排放交易政策对企业创新的因果效应还需大量的经验性研究予以证实和检验。

中国作为负责任的大国，其控制过度碳排放的决心和提高能源效率的迫切期望是显而易见的，但是对在减排过程中所必须要面临的成本需要做好思想准备和政策应对。中国的长期发展离不开企业经济绩效的提高，而企业经济绩效的提高又离不开技术改变和创新能力的进步。企业创新作为企业发展的根本动力与必要保证，其意义深远重大，不言自明。因此，在可预测的短期之内，碳排放和交易政策会显著降低企业的创新能力,这一点仍需要得到学界的高度重视和持续关注,寻求应对与解决的方法,以此降低企业乃至国家经济增长过程中的成本和阻碍,促进不同经济体的可持续性发展。

第五章　碳排放下的环境规制与对外贸易

第一节　对外贸易对环境污染的影响假说评述

在开放经济条件下，消费、投资和出口被视为拉动一国经济增长的三大引擎。2001 年中国成功加入世界贸易组织给我国的对外贸易带来前所未有的发展机遇。2008 年的全球金融危机使欧美等发达经济体的需求能力迅速下降，同时也给中国的外贸增长造成了一定的负面影响。2008 年，中国货物贸易出口额为 14307 亿美元，到 2009 年，货物贸易出口额降为 12016 亿美元，同比下降了 16%。[①] 为了缓解经济危机给我国对外贸易产生的冲击，政府也出台了相应的政策措施来刺激外贸经济的发展，并取得了一定的成效。2014 年，中国货物贸易进出口额达 43030.4 亿美元，已连续两年位居世界第一货物贸易大国地位。在全球气候恶化和世界经济危机的双重背景下，经济增长与碳排放之间的矛盾也

① 数据来源于国家统计局、海关总署。

愈加尖锐。发展低碳经济,实现对外贸易与控制气候恶化的协调发展,对我国对外贸易改革和碳减排任务的实现均具有重要的参考价值。因此,关于对外贸易与碳排放之间关系的研究具有以下研究意义。

第一,国内外现有的关于贸易对碳排放影响的研究主要以对贸易开放度作为贸易发展指标来研究其对碳排放的影响,关于贸易所产生的碳排放分布则关注较少,我们将借助于多区域投入产出模型定量地研究我国各行业部门货物贸易对碳排放所产生的影响。在一定程度上丰富了贸易的环境效应的研究体系。

第二,关于贸易对碳排放影响的研究,国内外学者多从实证分析的角度研究一国或一地区贸易总量对碳排放所产生的影响,而很少有学者对贸易对碳排放产生影响的机制进行规范分析。我们将借助国际贸易中的一般均衡分析方法对贸易的三大效应进行分解,并利用经典的国际贸易理论对贸易的碳排放效应进行解释。

第三,我们利用环境投入产出模型,定量地研究我国货物贸易中所产生的碳排放,结合实证研究结果深入地分析了货物贸易对我国环境污染的影响,并多角度地提出了贸易与碳排放协调发展的建议,为缓解我国环境保护的压力、外贸政策改革及在国际气候谈判中寻找突破口提供新的政策建议。

随着环境问题研究的不断深入,在基于碳排放条件下对环境规制与经济增长的研究之前,我们首先需要梳理对外贸易对环境污染所造成的相关影响与研究假说。对这一问题的研究大部分集中在贸易的环境效应分析上。研究结果可以大致分为贸易对环境的积极和消极影响两方面。同时也形成了不同学派的假说,贸易对环境的积极效应主要有“贸易所得”假说和“波特”假说；贸易对环境的负效应主要包括“向底线赛跑”假说和“污染天堂”假说。

一、“贸易所得”假说

“贸易所得”假说是贸易环境正效应的代表性假说之一。支持这一假说的学者们认为，贸易自由化能够增加一国国民收入，提高一国的社会福利，进而带来贸易国技术的革新、环境标准的提高、本国消费者对清洁产品需求的增加，因此贸易自由化对环境产生的影响是正面的。安特韦勒等（Antweiler W.等，2001）学者通过建立理论模型研究了贸易开放对环境污染的影响，将贸易对环境污染的影响分为规模效应、技术效应和结构效应，并且采用二氧化硫作为环境污染的指标对其模型进行检验。研究结果显示，结构效应对环境污染的影响很小，而技术效应和规模效应则明显降低了污染物的排放。综合上述三种效应分析结果，沃纳（Werner）等人认为自由贸易似乎对环境是有益的。而另一些学者诸如布雷斯韦特（Braithwaite，2002）的研究表明，自由贸易能够提高一国的环境标准，进而对环境产生积极的影响。而学者布兰特利（Brantley L.，2001）在借鉴以往理论模型的基础上构建了一个模拟模型来研究贸易与环境污染的关系，他发现，贸易对环境的影响既有积极的一方面也有消极的一方面，具体的效应主要依赖于贸易国的要素禀赋，贸易的环境效应主要取决于贸易所得。另外，他还利用模型检验“污染天堂”假说，结果证明“污染天堂”假说在其模拟模型中并不存在。有的研究发现，在特定的收入水平下，贸易自由化对环境的净效应为正，如丁（Dean J.M.，2005）的研究。还有学者弗兰克尔和罗斯等（Frankl 和 Rose 等，2005）利用自由贸易引力模型中的外生距离因素作为工具变量，考虑贸易的内生性，定量研究了贸易对二氧化硫、二氧化氮以及可吸入颗粒物三种污染物排放的影响。研究结果显示，自由贸易能够降低这三种环境污染物的排放，即没有明显的结果显示自由贸易对环境污染有负面影响。其他学者利用引力模型也证实了这一结论，如柴卡恩和米利米特（Chintrakarn 和 Millimet，2006）以及克伦博格（Kellenberg，2008）。有学者也得出了贸易对改善环境有积极作用的结论，诸如安特韦勒、科普兰和泰勒（Antweiler、Copeland 和 Taylor，2001）的研究支撑了该结论。中国学者沈利生、唐志（2008）以二氧化硫为环境污染指标，利用投入产出表定量分析对外贸易隐含的污染物排放。结果表明，对外贸易能够显著地减少我国二氧化硫的排放。

二、“向底线赛跑”假说

“向底线赛跑”假说是贸易对环境负效应的代表性假说。“向底线赛跑”假说的支持者们认为，为了在国际市场上占据竞争优势和争取更多的外商直接投资，开放型经济体（尤其是发展中国家）在国内往往采取较为宽松的环境法律法规。这就使得高污染产业开始从环境标准较高的国家或地区向环境标准较低的国家或地区转移。如果环境标准成为国家获得竞争优势的因素，那么各国都将竞相降低本国环境标准，其结果必然是全球环境不断恶化。此外，国内出口产业的厂商及行业工会担心环境规制增加其出口成本和提高本国失业率，进而使其产品在国际市场上失去竞争优势。由于对海外销售收入、就业及外商直接投资的担心使得他们经常以保持竞争优势为由给当地政府施加压力。学者莱文森和泰勒（Levinson 和 Taylor，2008）对美国受到环境成本影响较大的产业研究发现，这些产业的净进口值也有很大幅度的增加。另一些学者诸如麦考斯兰(McAusland,2008)和施莱奇(Schleich J.,1999)的研究认为,贸易开放增加了对工业污染排放法律的反对者的人数,减少了对家庭污染排放法律的反对者的人数。李锴、齐绍洲(2011)从静态和动态两个方面建立贸易与环境污染之间关系的模型,利用工具变量控制有关变量的内生性。结果表明,国际贸易对我国环境影响是消极的,"向底线赛跑"效应大于贸易的环境收益效应。

三、"污染天堂"假说

"污染天堂"假说是贸易环境负效应的另一假说,也是国内外学者研究的重点。该假说最初由科普兰(Copeland)、泰勒(Taylor)于 1994 年提出,他们认为不同国家的环境规制是存在差异的。即随着经济的发展,发达国家的环境规制会越来越严厉,而发展中国家为了获得发展机会,吸引外商直接投资不得不把环境标准降低。这样,随着发达国家比较优势的变化,为了降低产品的生产成本,发达国家会将国内一些污染密度高的产业转向环境标准相对较低的国家或地区。因此,发达国家的境外投资改变了发达国家与发展中国家的国际分工格局。发达国家专门生产隐含污染低的产品并出口,而发展中国家则专门生产隐含污染高的产品并出口,结果就使得这些发展中国家成为发达国家的"污染天堂"。曼尼和惠勒(Mani 和 Wheeler,1998)的研究认为"污染天堂"现象在实践中可能只是暂时的。博格曼和阿金(Bogmans 和 Withagen,2010)的研究是利用动态的赫克歇尔—俄林(H-O)分析框架研究国际贸易与内生的环境政策之间的关系并检验了"污染天堂"假说,认为当人们更加偏好含碳量高的产品时,"污染天堂"假说才会成立。李小平、卢现祥(2010)利用净出口消费指数,利用我国工业行业的贸易数据，实证检验了“污染天堂”假说。结果表明，发达国家在向我国转移污染产业的同时也转移了一部分“干净”产业。许和连、邓玉萍(2012)通过研究发现，“污染天堂”假说不成立。王文治、陆建明(2012)通过对全球163个国家的出口商品碳排放含量进行测算，分别以全球贸易和中国贸易为研究对象，检验了要素禀赋理论和“污染天堂”假说。结果表明，“污染天堂”假说在全球样本中不成立，而在中国却是成立的。钟冰平(2013)还以金砖国家为研究对象，也得出“污染天堂”假说不成立的结论。林季红、刘莹(2013)将环境规则作为内生变量，从行业角度检验了“污染天堂”假说在我国的存在性。研究表明，当环境规则作为外生变量时，“污染天堂”假说并不成立；而将环境规制视为内生性变量时，“污染天堂”假说在我国也是成立的。

四、“波特”假说

“波特”假说是在迈克尔·波特的竞争优势理论的基础上发展而来的，该假说从一种动态的视角研究了贸易的环境效应。与“向底线赛跑”假说相反，“波特”假说认为国家较为严厉的环境规制能够刺激本国生产厂商进行技术革新，增加厂商对环保技术的研发投入，不断提高产品生产过程中资源的使用效率，进行绿色生产。在全球倡导环境保护的背景下，绿色生产线的研发与投入能够增强一国的产业竞争力。学者克里切尔和齐塞默(Kriechel B.和Ziesemer，2009)利用博弈分析方法实证检验了“波特”假说，证明了“波特”假说的存在性。然而，如拉塞尔等(Rassier等，2010)学者的研究以化学工业的净化水规制为研究对象验证“波特”假说的存在性，结果发现，环境规制越严格，企业剩余的利润就越少，企业用于环保技术研发的投入也越低，“波特”假说并不成立。

第二节　对外贸易中的隐含碳分析

隐含碳是指在产品生产的一系列环节中所产生的碳排放总量。对于这一问题的研究起始于1994年的威科夫(Wyckoff)、罗普(Roop),他们以经济合作与发展组织(OECD)的六个国家为研究对象进行实证研究。结果显示,上述国家的进口产品所隐含的碳排放占其国内总碳排放的13%。随着研究的不断深入,对贸易隐含碳的分析也出现了一些新的研究方法。其中,以投入产出分析方法最为主流。卡卡利(Kakali M.,2004)利用投入产出分析方法对印度的贸易隐含能源量隐含碳进行了实证分析,结果表明印度出口贸易隐含能源量和隐含碳均大于进口贸易,属于碳和能源的净进口国。还有学者如克曼、石川和苏加(Ackerman F.、Ishikawa M.和Suga M.,2007)利用投入产出模型对美日贸易中隐含碳进行核算,发现对外贸易使日本的碳排放增加,而使美国的碳排放减少。近年来,国内一些学者也开始关注贸易隐含碳问题,在继承传统的投入产出分析方法的基础上,研究方法出现了一些创新。齐晔、李惠民、徐明(2008)的研究结果表明,自2002年之后,我国出口贸易中的隐含碳在总的碳排放中占比逐年增加。彭水军、刘安平(2010)采用开放经济条件下的投入产出模型测算出了包含大气污染与水污染在内的四类污染物进出口含污量和污染贸易条件,定量研究了中国对外贸易的环境效应。李真(2014)利用非竞争型投入产出模型,从进口视角出发,计算了中国出口产品生产中从进口的中间产品中获得的碳抵减(进口真实碳福利)。并在此基础上对中国27个行业的进口真实碳福利情况进行了结构性分解。研究表明,各行业的碳排放强度及行业之间的生产联系是影响各行业进口真实碳福利的关键因素。也有学者采用其他传统的计量方法研究贸易的碳排放效应。朱德进、杜克锐(2013)利用方向性距离函数(SBM模型)对1995—2009年我国28个省区市的碳排放效率进行了测算,研究表明各省区市的进出口贸易与碳排放效率之间存在倒"U型"关系。

以上投入产出模型是其最基本的形式,属于单一区域投入产出模型。这类模型在运用时有一个基本的假设:进口国的生产技术和资源投入与原产国相同。这种模型适用于生产技术差距不大的南南贸易或北北贸易。因此,单一区域的投入产出模型对测算发达国家与发展中国家贸易隐含的碳排放则不适用。为了使研究结果更为精确,后来的研究者们对传统的投入产出模型进行了改进,多区域投入产出模型开始成为学者们研究贸易与环境问题的主要工具。多区域投入产出模型打破了投入产出基本模型关于进口国的碳排放系数与原产国的碳排放系数相同的假设,将一国投入产出表中进口的产品分为中间投入和最终消费两个去向,来研究一国贸易中隐含的碳排放。学者彼得斯和赫兹(Peters 和 Hertwich,2006)利用挪威的投入产出表,通过对比分析多区域投入产出模型和单一区域投入产出模型的结果发现,单一区域的投入产出模型的计算结果低估了贸易中所隐含的碳排放。

第三节　贸易环境效应的影响机制

一、一个包含碳排放的一般均衡模型

我们借助于一般均衡理论方法,将对外贸易与碳排放置于一

个标准的经济分析框架中来研究对外贸易对碳排放的影响机制，模型建立如下：

在一个小国（A 国）开放经济中，N 代表该国的人口总数，假设如下：

（1）A 国只生产两种产品 X 和 Y；（2）生产要素只有资本 (K) 和劳动力 (L) ，K 和 L 的价格分别为工资 w 和利息 r；（3）X 产品属于资本密集型产品且生产过程中会排放大量的二氧化碳，Y 产品属于劳动密集型产品且生产过程中不会产生二氧化碳；（4）在生产过程中，X 和 Y 均满足规模报酬不变。

因此，X 和 Y 两种产品的生产技术就可以用单位生产成本来表示，即 $C^X(w,r)$ 和 $C^Y(w,r)$ ，并且我们假设商品 Y 的价格 $P^Y=1$，那么 X 商品的相对价格则为 P 。

由于 X 产品属于污染密集型产品，为了研究方便，我们在研究 A 国碳排放时只考虑 X 产品的碳排放量。我们把每生产一单位的产品 X 而产生的碳排放记作 B，且厂商在生产过程中可以通过技术研发及改进来实现减排。本书中笔者将 X 产品作为研发投入的唯一要素。因此，总的碳减排量 R 可以表示为 $\lambda R(X_a,B)$ ，其中 X_a 为产出 X 中用于减排的那部分投入，λ 为能够引起厂商减排技术变化的参数。因此 X 产品在生产过程中的碳排放可表示为 E ，具体见公式（5-1）：

$$E=X-\lambda R(X_a,X) \tag{5-1}$$

我们假设函数 $R(X_a,X)$ 是线性齐次，且 X_a 随着 X 的增加而增加，因此我们可以将式（5-1）改写成公式（5-2）：

$$E=X[1-\lambda a(\theta)] \tag{5-2}$$

其中，$\theta = \frac{X_a}{X}$，即 X 产品中用于投入减排的部分。当 $\theta = 0$（厂商没有任何减排投入）时，$a(\theta) = 0$。当 $\theta = 1$（厂商将所有产出投入减排）时，$a(\theta) < 1$。这样的假设意味着对于特定污染物排放，减排的边际成本是递增的，而边际收益却是递减的。

具体的模型推导过程如下：

首先，生产者行为。本书主要研究 A 国各主体的均衡条件。假设政府对排污企业征收排污税，即政府向生产 X 产品的企业征收碳排放税。政府税收的税率为 δ，那么生产 X 产品的厂商的利润 π^x 可表示公式（5-3）：

$$\pi^X = PX - C^X(w,r)X - \delta[1 - \lambda a(\theta)]X - P\theta X \qquad (5-3)$$

将公式（5-3）变形，得公式（5-4）：

$$\pi^X = \varphi X - C^X(w,r)X \qquad (5-4)$$

其中，$\varphi = P(1-\theta) - \delta[1 - \lambda a(\theta)]$。

由于将税收和减排技术投入纳入厂商的利润函数，那么厂商在作出利润最大化的决策时需要考虑减排技术投入 θ。因此，对厂商的利润函数对 θ 求偏导并求极大值，得到公式（5-5）：

$$P = \delta\lambda\, a'(\theta) \qquad (5-5)$$

很明显，最优的减排投入 θ^* 是 $\frac{\delta}{P}$ 的增函数，即公式（5-6）所示：

$$\theta^* = \theta\left(\frac{\delta\lambda}{P}\right) \qquad (5-6)$$

这一结论与现实经济活动相符，当政府增加排污税的税率时，由于碳排放税的压力，企业用于减排的投入将会增加。又因为在完全竞争市场中,企业竞争的最终结果是所有企业都只能获得正常利润。因此,对于A国生产X产品的每个企业而言,均满足$\varphi = C^X(w,r)$,于生产Y产品的所有企业而言,均满足$C^Y(w,r) = 1$。

现在假设所有企业的生产都是有效率的,那么所有要素的价格w和r应该是φ的函数。在充分就业条件下,产出与要素投入之间应该满足公式(5-7)和公式(5-8):

$$C_w^X X + C_w^Y Y = L \quad (5-7)$$

$$C_r^X X + C_r^Y Y = K \quad (5-8)$$

其中,X和Y分别代表两种产品的总产出,X产品的净产出是除去减排投入剩余的部分,即如公式(5-9)所示:

$$X_n = X - X_a = X(1 - \theta) \quad (5-9)$$

其次,消费者行为。对于给定的碳排放,每一个消费者的最终目标是最大化自己的效用。为了研究方便,我们假定消费者对X和Y的偏好相同,并且对碳排放的边际效用为负值。代表消费者的间接消费函数见公式(5-10):

$$V = \left(P, \frac{G}{N}, E\right) = U\left(\frac{\frac{G}{N}}{\varphi(P)}\right) - \sigma E \quad (5-10)$$

其中,$\frac{G}{N}$代表人均收入,φ代表价格指数,σ代表碳排放的边际负效用,另设效用函数U是单调递增的凹函数。需要注意的是,碳排放对所有的消费者都是有害的,并且被认为是一种准公共危害品。

为了研究方便,笔者将$\frac{\frac{G}{N}}{\varphi(P)}$定义为实际人均国民收入$I$,公式(5-10)可变形为公式(5-11)：

$$V(I,E) = U(I) - \sigma E \tag{5-11}$$

最后，政府行为。一个国家的减排政策取决于政府，减排政策的制定和实施也会由于国家所处经济发展阶段的不同而不同。假定政府设定一个碳排放税来简化模型，并且税收水平是最优税收的增函数。这就使不同国家的政府行为会有所差异，而且政府税收政策是国家经济环境的内生变量。由于每一个消费者都是独立的个体，那么国家会根据所有消费者效用最大化目标来确定相应的最优税收，政府行为的最终目标是实现社会效用最大化，即为公式(5-12)：

$$\text{Max}\ \{N[U(I) - \sigma E]\} \tag{5-12}$$

由上述得，在已知实际人均国民收入为 I 的情况下，则结果如公式(5-13)：

$$I = \frac{\frac{G}{N}}{\varphi(P)} = \frac{1}{N\varphi(P)}(\varphi X + Y + \delta E) \tag{5-13}$$

将公式(5-13)中 I 对税率 δ 求导，得公式(5-14)：

$$\frac{dI}{d\delta} = \frac{1}{N\varphi(P)}\delta\frac{dE}{d\delta} \tag{5-14}$$

将公式(5-11)中对税率 δ 进行求导，并求其极大值，得公式(5-15)：

$$U'\frac{dI}{d\delta} - \sigma\frac{dE}{d\delta} = 0 \tag{5-15}$$

将公式(5-15)的结果代入公式(5-14)，得出最优税率 δ^*，如公式(5-16)所示：

$$\delta^* = \sigma N\psi \tag{5-16}$$

其中，$\psi = \frac{\varphi(P)}{U'}$。政府实际征收的碳排放税的水平是最优税率 δ^* 的函数，见公式(5-17)：

$$\delta = T(\delta^*) \tag{5-17}$$

其中，公式(5-17)式中 $T' > 0$ 且 $T(\delta^*) < \delta^*$。那么，一个经济社会中均衡将取决于公式(5-17)、公式(5-6)和公式(5-2)。将公式(5-17)中的碳排放税率代入公式(5-6)会得到企业最佳减排技术投入水平 θ^*，然后将 θ^* 代入公式(5-2)得到最优的碳排放水平 E^*。

贸易对碳排放影响的效应分解。一个国家贸易对碳排放的影响是错综复杂的。在工业经济时代，经济规模的增加必然会导致对化石燃料需求的增加，进而使空气中二氧化碳浓度上升。但经济增长又能促进节能减排技术的发明与创造，对环境保护有正面的促进作用。此外，经济发展也会促进一国产业结构的升级与优化。随着第二产业向第三产业转型，国家主要的竞争优势产品也从资本密集型向劳动密集型转移，产业结构转型升级也对环境保护产生积极的影响。因此，笔者利用上述理论模型对对外贸易对碳排放的影响进行分解，从规模、技术和结构三个方面来考察对外贸易对碳排放的影响机制。

为了研究方便，我们将采用产出法来核算 A 国的国内生产总值(G)，并据此作为该国总的经济规模。由于 A 国只生产 X 和 Y 两种产品，总的社会产出可表示为公式(5-18)：

$$G = PX + Y \tag{5-18}$$

由于 X 产品属于污染密集型产品，Y 产品属于清洁产品。因此，我们可以用 $\gamma = \frac{X}{Y}$ 表示 A 国的产业结构状况。再结合上述公

式(5-7)和公式(5-8)得:

$$\gamma = \frac{X}{Y} = \frac{C_w^Y k - C_r^Y}{C_r^X - C_w^X k} \tag{5-19}$$

其中,$k = \frac{K}{L}$ 指资本劳动比。需要注意的是,γ 是 k 和 φ 的增函数。因此,γ 随 P 的增加而增加,随 δ 的增加而减少。结合公式(5-18)、公式(5-1)及公式(5-2)得公式(5-20):

$$E = \frac{[1 - \lambda a(\theta)]G\gamma}{1 + P\gamma} \tag{5-20}$$

对公式(5-20)中的 G、γ、θ 进行差分,得公式(5-21):

$$\widehat{E} = \widehat{G} + V_Y \widehat{\gamma} - \zeta \varepsilon_{a,\theta} \widehat{\theta} \tag{5-21}$$

其中,"︿"表示变量的变化率,$V_Y = \frac{Y}{PX + Y}$ 是产品 Y 在总国内生产总值中所占的比例,$\varepsilon_{a,\theta}$ 是 a 关于 θ 的弹性,$\zeta = X\lambda a(\theta)/E$ 是通过减排技术减少的碳排放占总排放的比例。因此,公式(5-21)表示碳排放的变化量可以分为三个部分。第一部分($\widehat{G}$)表示由于经济规模的增加而引起的碳排放的变化量,即规模效应。第二部分($V_Y \widehat{\gamma}$)表示由于产业结构的变化导致的碳排放的变化量。最后一部分($\zeta \varepsilon_{a,\theta} \widehat{\theta}$)则表示减排的技术效应。接下来我们对公式(5-19)及公式(5-6)进行差分,得到 $\widehat{\gamma}$ 及 $\widehat{\theta}$ 的表达式,代入公式(5-21),得公式(5-22):

$$\widehat{E} = \widehat{G} + V_Y \varepsilon_{\gamma,k} \widehat{k} - (V_Y \eta_\delta \varepsilon_{\gamma,\varphi} + \zeta \varepsilon_{a,\theta} \varepsilon_{\theta,\sigma}) \widehat{\delta} \tag{5-22}$$

其中,$\varepsilon_{\gamma,k}$ 代表了变量 γ 对 k 的弹性,$\eta_\delta = \delta\lambda[1 - a(\theta)]/\varphi$。由于政府的税收政策在实际生活中不容易量化,因此我们需要将

$\hat{\delta}$ 转化成可量化的变量。由公式(5-16)和公式(5-17)可以推导出：$\hat{\delta} = \varepsilon_{T,\delta^*}(\hat{N} + \varepsilon_{\varphi,I}\hat{I} + \hat{\sigma})$ ，将其代入公式(5-22)得公式(5-23)：

$$\hat{E} = \beta_1 \hat{G} + \beta_2 \hat{k} - \beta_3 \hat{I} - \beta_4 \hat{N} - \beta_5 \hat{\sigma} \tag{5-23}$$

其中，$\beta_1 = 1$，$\beta_2 = V_Y \varepsilon_{\gamma,k}$，$\beta_3 = \varepsilon_{\varphi,I}$，$\beta_4 = \varepsilon_{T,\sigma^*}(V_Y \eta_\delta \varepsilon_{\gamma,\varphi} + \zeta \varepsilon_{a,\theta} \varepsilon_{\theta,\sigma})$ ，$\beta_5 = \beta_4$

现在考虑A国在开放经济条件下，贸易开放度增加对国内碳排放的影响。假设 X 产品在国际市场上的价格为 P^w ，X 产品的国内市场价格由于受关税、补贴及其他贸易壁垒因素的影响，价格为 P 。并且 P 和 P^w 满足公式(5-24)关系：

$$P = \alpha P^w \tag{5-24}$$

其中，α 被称作贸易壁垒因子，其代表国家实行贸易保护政策所造成的价格扭曲程度。需要注意的是，当A国进口 X 产品时，$\alpha > 1$；当A国出口 X 产品时，$\alpha < 1$；当 α 趋近于1时，A国的对外贸易更趋向于自由，贸易开放程度也更高。那么国内商品价格的变动就是贸易摩擦因子和国际市场 X 产品价格变动的共同结果。对公式(5-22)两边分别取对数，然后再求全微分得公式(5-25)：

$$\hat{P} = \hat{\alpha} + \hat{P^w} \tag{5-25}$$

对公式(5-21)进行修正，得公式(5-26)：

$$\hat{E} = \beta_1 \hat{G} + \beta_2 \hat{k} - \beta_3 \hat{I} - \beta_4 \hat{N} - \beta_5 \hat{\sigma} + \beta_6 \hat{P^w} + \beta_7 \hat{\alpha} \tag{5-26}$$

其中，$\beta_6 = \beta_7 = V_Y \varepsilon_{\gamma,\varphi} + \zeta \varepsilon_{a,\theta} \varepsilon_{\theta,\sigma}(1 - \varepsilon_{T,\sigma^*} \varepsilon_{\varphi,P})$

由式(5-26)可知，一国所产生的碳排放量不仅与前文所讨论的经济规模、人均资本存量、实际人均收入等因素相关，而且还跟

国际市场上 X 产品价格及贸易壁垒因子有关。当 X 产品的国际市场价格上升时,就会刺激 A 国厂商扩大其生产规模,污染密集型产业生产规模的扩大必然会导致国内碳排放的增加。β_7 的符号取决于多个方面。一方面,贸易自由化程度提高会使得一国比较优势产业的生产规模扩大,这样就会增加一国的碳排放量;另一方面,贸易自由化又使得技术溢出更加便利,碳减排技术的引进又会减少一国的碳排放。此外,贸易自由化也会加速一国产业结构的升级,产业结构的转型与升级也会使一国的碳排放量相应地减少。综上所述,对外贸易对一个国家碳排放的影响会由于国家所处的经济发展阶段以及该国在国际市场上的比较优势产品的性质决定。所以,贸易对碳排放的影响是规模效应、技术效应和结构效应共同作用的结果。

二、贸易环境效应的影响机制分析

通过上述理论模型分析可知,贸易对一个国家碳排放的影响可以从规模效应、技术效应和结构效应三个方面进行考察。下面笔者试图运用经典的国际贸易理论来解释这三种效应,为上述模型分析寻找合理的理论支撑。

国际贸易对碳排放影响的规模效应是指在产业结构和减排技术不变的情况下,一国的对外贸易增长会扩大该国经济规模,一般认为经济规模的扩张又会导致碳排放总量的上升。根据大卫·李嘉图(David Ricardo)的比较成本理论,各国应按照自己所具有的比较优势参与国际贸易,应当遵循"两害相权取其轻,两利相权取其重"的原则与他国开展贸易。在工业经济背景下,一国在经济发展初期和中期,其比较优势产品往往是资源密集型产品和资本密集型产品,而这些产品多数属于高碳排放产品,在产品的生产过程中会排放大量的二氧化碳。对外贸易的扩张会增加国内高碳排放产品的生产需求,欧美等发达经济体工业化初期的发展模式就是如此。比较优势产品出口的增加必然会导致国内相关优势产业生产规模的扩大,相应地国内碳排放量也会增加。例如,我国目前比较优势产品已经开始由资源密集型和劳动密集型产品向资本密集型转化。比较优势产品所产生的碳排放量也在增加,比较优势产品贸易出口的增加势必会增加我国的碳排放量。

国际贸易对碳排放影响的技术效应是指在经济规模和产业结构不变的情况下,减排技术的应用与推广对碳减排的影响是有利的。国与国之间在进行货物贸易时不仅存在商品之间的流动,而且还存在技术的溢出效应。一般来说,发达国家的减排技术要优于发展中国家。随着发展中国家经济的不断发展,一方面可以通过技术引进和国际技术交流等无形贸易的方式将国外先进的减排技术应用到国内减排任务中;另一方面,比较优势理论、要素禀赋理论等经典的国际贸易理论都论证了国际贸易能够给一国带来好处,都会增加贸易国的社会福利。因此,贸易的增长必然会带来国民财富的增加,使贸易国的人均国内生产总值增加。根据环境的库兹涅茨理论,人均收入的增加会刺激人们对清洁环境的需求。在这样的需求刺激下,对减排技术的投资需求也会上升。近年来,我国的太阳能、风能、新能源汽车等清洁能源技术的应用与推广就是技术效应的例证。

对外贸易的结构效应是指在经济规模和减排技术不变的情况下,一国产业结构的更新与升级也会减少该国的碳排放。根据配第—克拉克定律,随着经济的发展,人均国民收入水平的提高,第一产业国民收入和劳动力的相对比重逐渐下降;第二产业国民收入和劳动力的相对比重上升,经济进一步发展,第三产业国民收入和劳动力的相对比重也开始上升。因此,一国产业结构是随着经济发展而不断调整和升级的。在国民经济三次产业中,第一产业和第三产业属于低碳排放产业,而第二产业是一国碳排放的主要源头。在经济发展的初期,资本密集型的第二产业在国民经济中所占的比重相对较高,国内的碳排放也相对较高。当较为"干净"的第三产业比重不断增加时,国内碳排放也会相应地下降。

第四节 中国货物贸易对碳排放的影响作用

一、中国货物贸易的现状分析

自改革开放以来,中国的对外贸易飞速发展,成为拉动中国经济增长的主要引擎。随着开放程度的日益加深,不仅贸易总量在持续上升,而且贸易结构也获得了明显的改善。出口产品实现了从改革开放初期的农产品、手工制品出口到工业制成品出口的转变。2013 年,中国首次超越美国成为世界上最大的货物贸易出口大国。2014 年、2015 年又连续两年稳居世界第一货物贸易大国的地位。尽管如此,我国仍不属于货物贸易强国。由货物贸易大国向货物贸易强国转变仍有很长的路要走。全球金融危机对各国的对外贸易均产生不同程度的影响。自 2010 年以后,我国的对外贸易增速开始下降,全球贸易环境亦不尽如人意。因此,本节将从货物贸易总量、货物贸易结构两方面来分析当前我国货物贸易的发展现状及存在的问题。

中国货物贸易现状和总量分析。2001 年,我国加入世界贸易组织之初,货物贸易进出口总额仅为5096亿美元,占当年国内生产总值的38.2%。经过十几年的不断深化改革和开放,贸易总量取得了丰硕的成果。2013年,中国货物贸易进出口总额约为41590亿美元,占全球货物贸易总额的11.05%,首次超越美国,成为全球第一货物贸易大国。

在十几年的发展中,我国货物贸易出口与进口的发展形势基本保持一致。以2001年中国加入世界贸易组织为开端,我国货物贸易连续七年保持良好增长态势,同比增长率均在17%以上。从贸易差额上来看,近些年来,我国货物贸易均保持着贸易顺差,但进出口贸易差额逐渐下降。这表明,我国单一的出口导向型外贸政策正在逐渐改善,贸易进出口结构逐渐合理化。2008年全球金融危机对我国的货物贸易产生了较大冲击。不仅货物出口贸易同比下降了16.1%,货物进口贸易也同比下降了11.2%。随着危机后各项积极贸易政策的实施,我国货物贸易增长逐渐恢复危机前的增长势头。2010年、2011年连续两年保持较快增长,货物贸易进出口总量增长率在20%以上。但2011年以后,增长率逐渐放缓,同比增长率均低于10%。其主要原因在于全球金融危机后全球经济低迷,各国进口需求下降。虽然从绝对数值上来看,我国货物贸易总量在逐渐萎缩,但从相对数值上来看,货物贸易发展依然保持了良好态势。2014年我国的货物贸易进出口总额约为43030亿美元,增长率为3.4%,占全球货物贸易总额的12.2%,依然保持着全球第一货物贸易大国的地位。

中国货物贸易结构分析。高碳产业一般是指在产品生产过程中碳排放较高的产业,当前受国家重点关注的高碳排放产业主要包括钢铁、化工、水泥、冶金等。碳密集型产品是指生产过程中会排放大量二氧化碳的产品。鉴于我国标准行业分类与国际贸易标准分类方法(SITC)的差异,本节将按照国际贸易标准分类方法界定我国货物贸易中的碳密集型产品。通过与行业分类对比,笔者将货物贸易标准分类中的第5、6、7、15、16、17、18七大类产品作为货物贸易中的碳密集型产品,即:矿产品(5);化学工业及其相关工业的产品(6);塑料橡胶及其制品(7);贱金属及其制品(15);机器、机械器具、电气设备及其零件、录音机及放声机、电视图像、声音的录制和重放设备及其零件附件(16);车辆、航空器、船舶及有关运输设备(17);光学、照相、电影、计量、检验、医疗或外科用仪器及设备、精密仪器及设备,钟表,乐器,上述物品的零件、附件(18)。虽然这七大类产品并不能代表我国货物贸易中所有的碳密集型产品,却能够很好地反映我国货物贸易中碳密集型产品的贸易碳排放趋势。因此,以这七大类产品的贸易情况来分析我国货物贸易的碳结构分布也是合理的。自加入世界贸易组织以来,七大类产品在总出口货物贸易中的比重均在50%以上。2009年,受全球金融危机的影响,它们所占的比重略有下降,2010年经过短暂的回调之后又呈现出逐渐下降的趋势,但下降的幅度较小。总的来说,我国碳密集型产品出口在过去十几年中可分为三个阶段。第一阶段为2001—2008年。中国加入世界贸易组织后,对外贸易面临着前所未有的发展机遇,受要素禀赋及国内生产技术的影响,高碳排放的工业制成品所占的比重稳步上升。第二阶段为2009—2010年。2008年,美国次贷危机引发的全球性金融危机也给我国的货物贸易出口带来极大的负面影响,七大类产品所占比重2009年与2008年相比下降了3.16%。受国内宏观调控的影响,2010年七大类产品比重出现回调迹象。第三阶段为2011—

2014年,即全球金融危机后的调整阶段。全球金融危机爆发后,尽管国内采取一系列刺激外贸发展的政策,但是全球性的金融危机使得各国对进口产品需求能力下降。此外,西方发达国家为了尽快走出金融危机的阴影,各国贸易保护主义开始抬头,以碳关税为代表的新型贸易壁垒也开始出现,我国七大类产品占总出口货物的比重开始下降。

由贸易引起的碳排放不仅包括生产并出口商品过程中所产生的碳排放的增加量,而且还包括由于进口国外商品所减少的碳排放量。因此,需要从进口的角度来考察我国碳密集型产品贸易的情况。在总的进口贸易中,七大类碳密集型产品所占的比重较大,均在80%以上。也就是说,在我国消费的高碳产品中,也有相当一部分产品来自进口。与上述出口货物贸易趋势不同,七大类进口产品占总进口货物比重在过去十几年中变化幅度不大。2001—2006年,七大类进口产品所占比重一直呈上升趋势;但从2009年开始,该比重开始持续下降。并且下降的幅度也高于出口。由此可见,全球金融危机给我国的货物进口贸易的影响要大于出口贸易。

中国货物贸易存在的问题分析。通过对我国货物贸易总量及结构的描述统计分析可知,虽然我国货物贸易在加入世界贸易组织之后取得了长足发展,但是也存在一些发展过程中的问题,具体表现在以下两个方面。一方面,当前我国货物贸易总量虽稳居世界首位,但是货物贸易的出口很容易受到国际市场环境的影响,国内出口产品抵御全球金融危机的能力较差。且出口产品附加值较低,国际上具有竞争优势的自有品牌较少,没有形成能够抵抗全球经济波动的核心竞争力。另一方面,货物贸易结构不尽合理,碳密集型产品出口所占的比重较高。在全球气候变化的大背景下,碳密集型产品出口必然会遭受发达国家以碳关税为由的贸易制裁。绿色贸易壁垒的出现使在我国生产的碳密集型产品在国际市场上的竞争力下降,进而影响我国货物贸易的出口规模,货物贸易的进口方面也存在一定的问题。如上文分析,自2008年全球金融危机后,无论是货物贸易总量还是七大类高碳产品占总货物进口贸易的比重均出现下滑。实际上,我国可以通过一部分高碳产品的进口来向其他国家转移一部分碳排放,进而降低国内的碳排放水平。尽管金融危机过后我国货物贸易依然保持增长势头并超越美国成为全球第一货物贸易大国,但自金融危机后货物贸易增长率开始放缓,甚至出现负增长。

受国际市场需求能力的下降、绿色贸易壁垒、国内要素价格上升等因素的影响,我国贸易产品在国际市场上的竞争力开始下降。因此,单纯地依靠价格优势占领市场的战略显然不适应我国当前所面临的外贸环境,需要从商品交易以外的途径加强与其他国家的经济合作。

二、中国货物贸易对碳排放影响的实证分析

数据来源与说明。本书采用2007年的投入产出表中的相关数据进行研究。本书的能源消耗数据来自《中国能源统计年鉴2008》,货物进出口数据均来自2007年投入产出表。

由于《投入产出表》与《中国能源统计年鉴》的分类标准不一致,所以在研究之前需要对能源消费行业的部门分类做相应的调整,将部分行业进行合并。本书参照《国民经济行业分类》(GB/T 4754-2002),以投入产出表部门分类为基础,对国民经济能源消耗各部门进行合并,将《投入产出表》中的135个部门合并

为 24 个，具体分类见表 5-1。

表 5-1　行业部门分类

代码	行业	代码	行业
1	农、林、牧、渔业及水利业	13	非金属矿物制品业
2	煤炭开采与洗选业	14	金属冶炼及延压加工业
3	石油和天然气开采业	15	金属制品业
4	金属矿采选业	16	通用、专用设备制造业
5	非金属矿采选业	17	交通运输设备制造业
6	食品制造及烟草加工业	18	电气机械及器材制造业
7	纺织业	19	计算机、通信和其他电子设备制造业
8	纺织服装鞋帽皮革羽绒及其制品业	20	仪器仪表及其他制造业
9	木材加工及家具制造业	21	电力、热力、燃气及水生产和供应业
10	造纸印刷及文教体育用品制造业	22	建筑业
11	石油加工、炼焦及核燃料加工业	23	交通运输、仓储及邮政业
12	化学工业	24	其他行业

资料来源：由笔者整理所得。

实证方法分析。由于国际贸易标准分类与国民经济行业分类不一致。对照两种分类方法，发现行业部门分类中前 23 类基本包括了所有的货物贸易出口行业，而其他行业多属于服务业。因此，在下面的计算中均计算前 23 类行业部门，以此来说明本书论题。对国民经济各行业进行重新合并之后，选取煤炭、焦炭、原油、汽油、煤油、柴油、燃料油和天然气八种能源作为经济生产活动中的主要能源投入，采用修正后的缺省排放因子方法计算出八种能源的综合碳排放系数，结合各部门的能源消费结构，采用加权平均的方法求得各贸易部门的碳排放系数。由于联合国政府间气候变化专门委员会《国家温室气体排放清单2006》中并未提供各种能源的碳排放系数,只有各种能源的缺省因子,但其缺省因子的单位为KG/TJ。为了与能源消费的单位统一,则必须将热量单位TJ转化为质量单位。因此,本书通过各种能源折算标准煤系数和各种能源的平均低位发热量将联合国政府间气候变化专门委员会提供的排放因子进行了改进。计算方法见公式(5-27):

$$\alpha_{\xi} = \frac{F_{\xi}}{\left(\frac{TJ}{n_{\xi}}\right)} \tag{5-27}$$

其中,F_{ξ} 代表第 ξ 种能源的缺省因子,TJ 代表 $1TJ$ 的热量,n_{ξ} 代表第 ξ 种能源的平均低位发热量。通过计算,各种能源的碳排放系数见表5-2。

表5-2 八种能源碳排放系数

(单位:万吨碳/万吨标准煤)

能源	煤炭	焦炭	原油	汽油	煤油	柴油	燃料油	天然气
α	0.9159	0.8298	0.8359	0.8195	0.8399	0.8620	0.8827	0.5956

资料来源:由笔者计算得到。

由于不同能源充分燃烧后所产生的碳排放不同,各部门在生产活动中所消耗的上述能源的种类以及各种能源在部门生产活动中所占的比重均有所不同。因此,在计算各部门的碳排放系数时我们采用加权平均计算方法计算各部门的碳排放系数。具体而言,部门碳排放系数见公式(5-28):

$$\beta_j = \sum_{\xi=1}^{8} \alpha_{\xi} \pi_{\xi} \tag{5-28}$$

其中,α_{ξ} 为第 ξ 种能源的碳排放系数,π_{ξ} 为某部门第 ξ 种能

源占部门总能源消耗的比例。通过计算得到的各部门的碳排放系数见表5-3。

表5-3 各部门碳排放系数

（单位：千克碳/千克标准煤）

代码	系数	代码	系数	代码	系数	代码	系数
1	0.7642	7	0.3849	13	0.9565	19	0.3703
2	2.1899	8	0.3683	14	0.7924	20	0.3076
3	2.5194	9	0.4239	15	0.1983	21	6.5222
4	0.1723	10	0.8673	16	0.4891	22	0.3726
5	0.5884	11	4.7405	17	0.6768	23	0.8321
6	0.6460	12	1.1134	18	0.2332	—	—

资料来源：由笔者计算所得。

能源消耗系数是指某一部门单位产品生产所消耗的能源量，用公式（5-29）表示：

$$W_i = \frac{S_i}{X_i} \tag{5-29}$$

其中，S_i 表示 i 部门使用的能源总量（单位：万吨标准煤），X_i 表示 i 部门的总产出（单位：万元）。

碳排放系数是指每单位国民产出所产生的碳排放量，也被称为碳排放强度。通常来说，某一部门总的碳排放包括直接碳排放和间接碳排放两部分。直接碳排放是指某一部门生产过程本身所产生的碳排放，如产品生产过程中消耗能源所产生的碳排放。间接碳排放是指中间投入品生产过程中所排放的碳。可表示为公式（5-30）和公式（5-31）：

$$\text{直接碳排放系数} = \beta_j W_j \tag{5-30}$$

$$\text{间接碳排放系数} = \beta_j \sum_{i=1}^{23} W_i B_{ij} \tag{5-31}$$

其中，B_{ij}代表完全消耗系数。$\sum_{i=1}^{23} W_i B_{ij}$表示部门$j$在生产过程中，所有中间投入品所产生的碳排放。因此，完全碳排放系数γ_j可表示为公式(5-32)：

$$\gamma_j = \beta_j W_j + \beta_j\left(\sum_{i=1}^{23} W_i B_{ij}\right) \tag{5-32}$$

利用公式(5-32)，通过计算得到我国23个部门的直接碳排放系数、间接碳排放系数以及完全碳排放系数，具体结果见表5-4。然后，我们将各部门的完全碳排放系数乘以各行业部门对应的进口和出口额，就能得出由进出口贸易所产生的碳排放量。观察表5-4数据，直接碳排放系数较高的部门有2、3、11、12、13、14、21、23八个部门，其直接碳排放系数均大于0.5。这表明上述部门在生产过程中自身能源消耗所产生的碳排放较高，属于直接能耗较高的产业。间接碳排放系数较高的部门有2、3、6、10、11、12、13、20、21、23十个部门，其间接碳排放系数均在0.5以上。其中，电力、热力、煤气及水生产和供应业的间接碳排放系数高达8.98，这表明上述行业在生产过程中需要消耗大量的中间投入产品，通过中间投入所产生的间接碳排放较高。从完全碳排放系数角度来看，碳排放系数较高的九大行业分别是煤炭开采与洗选业，石油和天然气开采业，造纸印刷及文教体育用品制造业，石油加工、炼焦及核燃料加工业，化学工业，非金属矿物制品业，金属冶炼及延压加工业，电力、热力、燃气及水生产和供应业，交通运输、仓储及邮政业，其完全碳排放系数均大于1。九大高碳排放行业中，碳排放系数最高的部门为电力、热力、燃气及水生产和供应业，最低的为造纸印刷及文教体育用品制造业。可以看出，上述九大高碳排放部门全部属于第二产业，这说明目前的经济增长方式依然以高能耗、高污染的粗放型经济增长方式为主。

表 5-4　各部门碳排放系数表　　（单位：吨碳/万元）

部门代码	直接碳排放系数	间接碳排放系数	完全碳排放系数
1	0. 128859	0. 262819	0. 391678
2	1. 628128	0. 528850	2. 156978
3	0. 971684	0. 900453	1. 872138
4	0. 059794	0. 100288	0. 160082
5	0. 163987	0. 384263	0. 548250
6	0. 075250	0. 546242	0. 621492
7	0. 094830	0. 342383	0. 437213
8	0. 021431	0. 279641	0. 301072
9	0. 037661	0. 352178	0. 389838
10	0. 225000	0. 827851	1. 052852
11	2. 963895	2. 837277	5. 801172
12	0. 590262	1. 285495	1. 875757
13	0. 853756	0. 737779	1. 591535
14	0. 758206	0. 471076	1. 229282
15	0. 031721	0. 124371	0. 156091
16	0. 049885	0. 291632	0. 341517
17	0. 048783	0. 435111	0. 483894
18	0. 013255	0. 175454	0. 188709
19	0. 018042	0. 291052	0. 309094
20	0. 042946	0. 511929	0. 554875
21	3. 841657	8. 982034	12. 823692
22	0. 023951	0. 299823	0. 323774
23	0. 529637	0. 636000	1. 165637

资料来源：笔者根据《投入产出表 2007》计算整理所得。

从两部分碳排放系数的构成上来看，只有部门 2、3、11、13、14 的直接碳排放系数在完全碳排放系数中占比较高，其他多数部门的间接碳排放系数所占比重均较小。在 23 个部门分类中，间接碳排放系数占完全碳排放系数比重在50%以上的部门有19个,其中有6个部门的间接碳排放系数占比高达90%以上。这6个部门中有5个属于制造业,一个属于建筑业。近年来,我国电子产业发展迅速,但却始终处于产业链的最低端,中间投入占比较高,本书的间接碳排放系数也正好说明了这一点。而建筑业属于典型的最终产品需求行业,其对制造业中多数行业的产品都有较高的需求。

利用上述完全碳排放系数可以计算出我国各部门货物出口贸易所产生的碳排放量,出口产品的碳排放可表示为公式(5-33):

$$C = \sum_{j=1}^{23} C_j^{E_j} = \sum_{j=1}^{23} \gamma_j EX_j \tag{5-33}$$

其中,EX_j 代表部门 j 当年的出口额。

由于进口产品的碳排放系数 γ_j^m 取决于原产国的生产技术,但由于数据可得性的限制,要获得我国所有进口对象国的碳排放系数几乎是不可能的。国际上通用的做法有进口替代法和典型国家替代法。进口替代法是指用本国的碳排放系数代替原产国的碳排放系数。这种方法最简便易行,因此大多数利用投入产出模型计算对外贸易所排放的二氧化碳时多采用此方法。但是这种方法的缺点在于如果贸易双方在产品的生产技术上差距较大,计算结果将会造成巨大的误差,适用于南南贸易或北北贸易,但对于南北贸易不太合适。例如在计算中美贸易所隐含的碳排放时就不适合采用此方法。因为中国与美国在多数产品上的生产技术相差甚大,如果用中国国内碳排放系数代替美国的碳排放系数,将会导致对中国碳排放的低估。典型国家替代法是指在所有进口国家中挑选具有代表性的一个或几个国家,然后将这几个国家的加权平均碳排放系数代表进口产品的碳排放系数。本书采用典型国家替代法来计算进口产品的碳排放系数。我国的贸易进口伙伴国主要是美国、欧盟、日本等发达经济体，其中美国是我国最大的贸易伙伴国。就2007年的数据而言，我国进口贸易中美国进口额约为2626.6亿美元，占当年贸易进口总额的27.48%。此外。美国的生产技术一直处于世界前沿，与欧盟、日本等经济体的生产技术基本一致。因此，用美国的碳排放系数代替我国主要贸易进口国的碳排放系数也是合理的。本书以我国碳排放系数为基础，采用技术修正系数近似地获得进口产品的碳排放系数，见公式(5-34)：

$$\theta = \sigma\left(\frac{\delta_a}{\delta_c}\right) \tag{5-34}$$

其中，σ 表示我国贸易进口中美国所占的比重，δ_a 表示美国的碳排放强度，δ_c 表示我国的碳排放强度。

根据国际能源署公布的数据，2007年美国的碳排放强度 $\delta_a = 0.455$ 吨碳/千美元，中国的碳排放强度 $\delta_c = 2.154$ 吨碳/千美元，通过计算得到 θ 的值为0.058。进口产品所产生的碳排放用公式(5-35)表示：

$$C^{IM} = \sum_{j=1}^{23} \gamma_j \theta\, IM_j \tag{5-35}$$

其中，IM_j 为某部门的进口额。

一国贸易进口产品主要有两个去向：一部分用于直接消费，用以满足国内最终需求(Y^{IM})；另一部分则作为中间投入，供其他生产部门所使用(X^{IM})。本书采用第三章改进的投入产出法得到进口最终需求产品所产生的碳排放和进口中间投入碳排放，见公式(5-36)：

$$C^{m} = \sum_{j=1}^{23} \gamma_j \theta (Y^{IM} + BAX) \tag{5-36}$$

其中，Y^{IM} 为进口产品中用于最终需求的部分，BAX 为进口产品中用于中间投入的部分。

实证结果。我们首先来看中国货物贸易出口碳排放的结果。

根据碳核算方法，结合我国2007年《投入产出表》《中国能源统计年鉴》相关数据计算出2007年我国23个部门的碳排放值，见表5-5。2007年，我国国内主要部门总的碳排放约为102亿吨，其中由于货物出口贸易所产生的碳排放约为5.8亿吨。由于货物进口贸易所减少的碳排放仅为3226万吨，为碳排放净进口国。我国通过贸易为国外消费者直接或间接承担了约5.47亿吨的碳排放。

表5-5　2007年我国各部门贸易碳排放情况　（单位：万吨）

部门代码	进口中间投入排放	进口最终需求排放	总进口排放	总出口排放	社会总需求排放	社会总需求净排放
1	14.04	89.14	103.18	260.85	19150.32	18889.5
2	2.47	21.94	24.41	504.21	20804.17	20299.96
3	7.14	835.73	842.88	324.94	17850.62	17525.68
4	2.55	38.20	40.75	13.17	984.40	971.23
5	0.66	9.59	10.25	82.48	2111.65	2029.17
6	11.37	47.88	59.26	1188.36	25972.38	24784.02
7	9.91	8.36	18.27	3592.09	11016.60	7424.51
8	2.81	10.19	13.00	1707.88	5441.15	3733.28
9	2.40	4.25	6.65	945.15	4285.86	3340.71
10	13.16	28.52	41.68	2384.10	15722.24	13338.14
11	22.25	376.46	398.71	4454.36	122257.18	117802.82
12	237.70	350.29	587.99	13576.58	116293.38	102716.80
13	3.65	17.28	20.93	2361.35	36293.96	33932.62
14	67.78	130.79	198.56	6337.55	75104.18	68766.63
15	1.01	5.71	6.72	555.45	2763.67	2208.22
16	41.57	158.22	199.79	1959.23	13485.35	11526.12
17	39.24	78.65	117.89	1588.22	15958.07	14369.85

续表

部门代码	进口中间投入排放	进口最终需求排放	总进口排放	总出口排放	社会总需求排放	社会总需求净排放
18	7. 60	38. 87	46. 46	1288. 06	5124. 39	3836. 33
19	209. 17	140. 85	350. 03	6607. 66	12731. 66	6123. 99
20	8. 07	66. 00	74. 07	2523. 08	6138. 63	3615. 55
21	0. 02	6. 79	6. 80	834. 99	433095. 87	432260. 88
22	0. 05	4. 74	4. 78	132. 38	20307. 65	20175. 27
23	11. 63	41. 64	53. 27	4699. 32	37802. 61	33103. 29
合计	716. 25	716. 25	3226. 36	57921. 46	1020695. 98	962774. 52

资料来源:笔者根据《投入产出表 2007》计算整理所得。

从各部门出口碳排放上来看,2007 年,23 个行业部门中出口碳排放最高的为行业 12(化学工业),从国民经济产出来看,化学工业出口额占当年总出口的 8. 39%,但其部门出口碳排放却占整个出口碳排放总量的 23. 44%。显然,化学工业是我国出口碳排放重点部门,也是我国通过贸易结构调整实现减排的重点关注对象。出口碳排放在 4000 万—7000 万吨的部门有 11、14、19、23,其中交通运输、仓储及邮政业的间接排放系数较高,其碳排放主要来源于出口产品运输、仓储过程中的能源消耗。11、14、19 是我国货物贸易的主要出口部门,三个部门总的货物贸易出口额占当年货物贸易出口总额的 31. 64%,其碳排放占当年总出口碳排放的 30. 04%。出口碳排放在 2000 万—4000 万吨的部门有 7、10、13、20,四个部门总出口贸易额占当年出口贸易总额的 17. 62%,碳排放占当年总出口碳排放的 18. 75%,贸易份额与碳排放比重基本持平。本书行业部门分类中其余各部门当年出口碳排放均在 2000 万吨以下,为我国出口货物贸易中隐含碳较小的部门。

综上所述,首先,在我国货物出口贸易中,主要出口碳排放部门有化学工业,交通运输、仓储及邮政业,石油加工、炼焦及核燃料加工业,金属冶炼及延压加工业,计算机、通信和其他电子设备制造业。因此,上述高碳排放部门出口的增加必然会导致我国国内碳排放水平的总体上升。

其次,我们来看中国货物贸易进口碳排放结果。如上文所述,国民经济各部门进口减少的碳排放分为两部分。一部分进口产品用来满足国内消费者的最终需求。这些进口产品并非由本国生产,进口贸易则减少了这部分产品生产过程中的碳排放。另一部分进口产品则作为中间投入进入国民经济各生产部门,同样能够减少我国碳排放。据研究结果,2007 年我国因进口贸易所减少的碳排放量约为 3226 万吨,其中 68%的进口碳减排来自四个部门,分别是石油和天然气开采业(约占 26.12%),石油加工、炼焦及核燃料加工业(约占 12.36%),化学工业(约占 18.22%),计算机、通信和其他电子设备制造业(约占 10.85%)。这些部门产量和进出口的变化将会对我国货物贸易碳排放变化产生重要影响。同时,上述四个部门也是我国第二产业中能源消耗比较大的部门,通过进口我国也可以向其他国家和地区转移一部分碳排放。

进口货物贸易碳排放按照进口产品的去向可以分为进口最终需求碳排放和进口中间投入碳排放。2007 年我国由于进口货物贸易所减少的碳排放中有约 77.8%的碳排放来自进口产品的最终消费,进口中间投入品约占 22.2%。从各部门进口货物贸易碳排放来看,化学工业,金属冶炼及延压加工业,计算机、通信和其他电子设备制造业的进口中间投入碳排放占总进口投入碳排放的比重较高,约为 71.9%。但从进口货物最终需求角度看,石油和天然气开采业,石油加工、炼焦及核燃料加工业,化学工业占比最高,约占进口最终需求碳排放的62.2%。因此,我国进口所引起的碳排放减少主要来自进口产品的最终需求,而进口产品中间投入所减少的碳排放所占比重则较小。

在分别对中国货物贸易进出口碳排放的情况分析之后,我们来看中国货物贸易的净碳排放分析。

一国贸易净碳排放是指该国的出口排放减去进口排放,衡量了一国对外贸易对本国碳排放所造成的净影响。贸易净碳排放可以为正值也可以为负值,当出口贸易排放大于进口贸易排放时该值为正,当出口贸易排放小于进口贸易排放时该值为负。当贸易净碳排放为正值时,贸易对减排的影响是有利的;相反,当贸易净碳排放为负值时,贸易对减排的影响是不利的。在2007年我国23个行业部门中,只有煤炭开采与洗选业、石油和天然气开采业两个部门的贸易净碳排放值为负值,其他21个部门的贸易净碳排放值均为正值。对比上文进口货物贸易碳排放结构可知,这两个部门的进口最终需求排放所占的比重较高。两组数据均表明我国能源生产与消费的巨大缺口。从所有部门的总量数据上来看,2007年我国货物贸易进口碳排放总量为3226万吨,货物贸易出口碳排放总量为57921万吨,贸易净碳排放值为54695万吨。因此,在当前经济发展水平下,我国对外贸易对减排的影响是负面的,即对外贸易增加了我国的碳排放水平。

本章主要采用投入产出模型,利用我国公布的2007年的《投入产出表》,对我国货物贸易对碳排放的影响进行实证研究。通过计算得到了我国各行业部门的直接碳排放系数和间接碳排放系数,进而得到我国各行业部门中进出口所产生的碳排放。研究结果表明,就目前的经济发展阶段而言,对外贸易确实对我国的碳减排产生了负面影响。2007 年,扣除进口所减少的碳排放,我国的贸易净碳排放为 5.47 亿吨,属于碳排放净出口国。除此之外,通过对比进口产品的使用去向发现,我国进口贸易碳减排中最终消费所产生的碳排放比重较高,即我国由于对外贸易所引起的碳排放中,加工贸易所产生的碳排放所占比例很小,贸易所引起的碳排放主要来自出口贸易。

第五节　贸易开放程度、金融环境成熟度与碳排放的分解效应分析

在本章的前几个小节中,我们分析了对外贸易的内部环境对碳排放的影响机制与作用机理,而从本节开始,我们将重点放在对外贸易的宏观外部环境上,并以此来分析其对碳排放的作用机制。

在 18 世纪初,古典经济学家大卫·李嘉图在对经济增长与资源、环境关系的研究中,开创了贸易与环境相结合的研究思路。在当前低碳经济的发展背景下,碳排放与贸易开放的关系问题已然成为环境质量与贸易开放问题的一个缩影。关于贸易开放程度与碳排放的研究文献有很多,但结论并不完全一致。学者科尔和埃利奥特(Cole 和 Elliott,2003)对 32 个国家进行实证研究,发现贸易开放增加了碳排放。研究结果获得了牛海霞等(2011)、李锴等(2011)的研究支持。而另一些学者研究却发现贸易降低了碳排放,虽然结果不显著。

如前文所述,1993 年格罗斯曼和克鲁格使用“贸易—环境”一般均衡分析模型,将贸易对环境的影响分为规模效应、结构效应和

技术效应,建立了贸易环境效应分析的基本框架。倒"U 型"的环境库兹涅茨曲线已经在很多国家和地区的研究文献中得到了证实,如学者安卡姆(Ankarhem,2005)、林伯强等(2009)和陈德湖等(2012)。然而大量研究表明,不同的研究领域、时间段和计量方法,经济发展与碳排放的关系曲线也会不同。对于结构效应,国际上出现了两种激烈交锋的理论:"要素禀赋"假说和"污染天堂"假说。学者科尔等(Cole 等,2005)的研究成果倾向于支持要素禀赋理论而否定"污染天堂"假说,这一结论也得到了其他学者的证实(陆旸,2009;李小平等,2012)。而另一些学者的研究成果则支持"污染天堂"假说(傅京燕等,2011;彭可茂等,2012;Lopez 等,2013)。虽然上述不同角度的理论解析都得到了发展,但两方的实证研究结果大相径庭。学者科普兰和泰勒(Copeland 和 Taylor,2004)的研究认为地区间贸易受上述两种机制的交互影响,共同决定其表现结果,这一结论也得到了证实(彭水军等,2013;张友国,2015)。对于技术效应,国内外学者对贸易开放的技术效应进行了广泛的研究,认为贸易对技术进步有促进作用,如卡塞利和科尔曼(Caselli 和 Coleman,2006)、郭庆宾等(2009)、柳剑平等(2011),但也有研究认为这种促进效应存在门槛效应。目前的研究中技术进步对碳排放的影响并不一致。格里姆斯和肯特(Grimes,P.和 Kentor,2003)、费希尔等(Fisher 等,2006)认为技术进步会显著降低碳排放水平,得到了部分中国学者的证实(魏巍贤和杨芳,2010)。而另一些学者如桑德斯(Saunders,2000)则以"回弹效应"的存在为由否认了技术进步降低碳排放总量的观点,中国学者也予以了证实(周勇等,2007;姚西龙等,2012),认为技术的"锁定效应"也会影响碳减排的效果。李凯杰等(2012)认为技术进步对中国碳排放的影响与期限长短有关。学者阿塞莫格鲁(Acemoglu, 2012)研究认为技术进步对碳排放的影响有一定的路径依赖,这一结论得到了部分中国学者的证实(申萌等,2012)。所以,杰夫等(Jaffe 等,2002)认为技术进步对碳排放的影响具有不确定性,可能增加碳排放量,也可能降低碳排放量。

相对于贸易开放程度,金融发展对碳排放影响的研究相对较少。塔马津等(Tamazion 等,2009)和原毅军等(2012)在对印度尼西亚的研究中,发现金融发展对碳减排有助于减少碳排放,但是有的学者如张(Zhang,2011)和熊灵(2016)对印度的研究却显示金融发展会增加碳排放。但是朱智洺等(2015)则认为金融发展与碳排放呈现倒"U 型"曲线关系。虽然金融发展对碳排放也会产生规模效应、技术效应和结构效应,但现有文献对其的研究却极为少见。

总览贸易开放、金融发展与碳排放的相关文献,我们认为:(1)贸易开放与碳排放、金融发展与碳排放研究没有统一的结论,并且多是从整体角度分析,区域比较较少。(2)极少有文献同时考虑贸易开放、金融发展对碳排放的影响作用,虽然理论上金融发展与贸易开放相互促进,可以共同影响碳排放。(3)大部分文献侧重于影响结果的量化研究,极少深入探究其影响机制。据此,我们将利用中国省际 1996—2014 年的数据,从规模效应、结构效应、技术效应角度,将区域研究与整体研究进行对比,深入剖析贸易开放、金融发展对碳排放的影响作用。

一、模型设定

在现有的研究碳排放影响因素的理论模型中,由"环境影响评估模型"(IRPAT)模型扩展而来的以随机形式表示建立的可拓

展的随机性的环境影响评估模型(STIRPAT)受到了广泛应用,见公式(5-37):

$$I_i = \alpha P_i^b A_i^c T_i^d \varepsilon_i \tag{5-37}$$

公式(5-37)中,P 为人口,A 为财富,T 表示技术水平,α 为系数,ε 是误差项。式(5-37)两边同时取对数可得公式(5-38):

$$\ln I = \alpha' + b\ln P + c\ln A + d\ln T + \varepsilon' \tag{5-38}$$

本书以碳为研究对象,根据研究需要,参考已有文献,在模型中加入贸易开放、金融发展指标,用以考察贸易开放、金融发展的碳排放效应。考虑到碳排放影响因素的多元性,改进模型,加入要素密集度、产业结构、能源消费结构、人口规模等影响因素。基于以上分析我们对模型进行适当拓展可以得到公式(5-39):

$$\ln C = \alpha' + a\ln A + b\ln TRADE + c\ln FDL + d\ln X + \varepsilon' \tag{5-39}$$

其中,X_i分别代表要素密集度、产业结构、能源消费结构、人口规模等变量。

相应的面板数据模型为公式(5-40):

$$\ln C_{it} = a\ln C_{it-1} + b\ln TRADE_{it} + c\ln FDL_{it} + d_i \ln X_{it} + \delta_t + \eta_i + \varepsilon_{it} \tag{5-40}$$

其中,i 表示省区截面单元,$t = 1, 2, \cdots, 29$;t 表示时间;$\ln TRADE$ 表示各地区贸易开放度。$\ln FDL$ 表示金融发展水平,δ_t表示时间非观测效应。η_i表示地区非观测效应。ε_{it}是与时间和地区都无关的随机误差项。X 是其他控制变量,包括要素密集度 EI、产业结构 IS、能源消费结构 CCS、人口规模 PP。

为了进一步探究贸易开放、金融发展对碳排放影响效应的作用机制,笔者基于全域马尔姆奎斯特—卢恩伯格指数将碳排放按以下思路进行分解。

全域马尔姆奎斯特—卢恩伯格指数反映了在一定环境规制下，当年全要素生产率（环境 TFP）与上一年的比值，如公式（5-41）：

$$GML_t^{t=1} = \frac{TFP^{t+1}}{TFP^t} \tag{5-41}$$

将碳排放变动分解为经济规模变动、技术水平变动和投入产出结构变动，见公式（5-42）：

$$\frac{C^{t+1}}{C^t} = \left\{\frac{RGDP^{t+1}}{RGDP^t}\right\} \times \left\{\frac{TFP^t}{TFP^{t+1}}\right\} \times \left\{\frac{RGDP^t \times C^{t+1} \times TFP^{t+1}}{RGDP^{t+1} \times C^t \times TFP^t}\right\} \tag{5-42}$$

基于全域马尔姆奎斯特—卢恩伯格指数的传递性，用 STE^t 表示 t 期结构效应产生的碳排放，并取对数，见公式（5-43）：

$$\ln C^t = \ln RGDP^t - \ln TFP^t + \ln STE^t \tag{5-43}$$

鉴于生产和排放行为的路径依赖特性，结合参考李锴和齐绍洲（2011）、周杰琦和汪同三（2013）研究成果，考虑到上一期的影响，故在回归模型中加入被解释变量的滞后项，得到估计模型，见公式（5-44）：

$$\ln RGDP_i^t = a\ln RGDP_i^{t-1} + b\ln TRADE_i^t + c\ln FDL_i^t + dX_{it} + \delta_t + \eta_i + \varepsilon_{it} \tag{5-44}$$

$\ln RGDP$ 表示规模效应碳排放，结构效应、技术效应研究可以用 $\ln STE$、$\ln TFP$ 替换 $\ln RGDP$。

二、数据来源与说明

本节以 1996—2014 年为研究区间，选取除西藏、香港、澳门、台湾外的 29 个省份为研究对象（将重庆并入四川省计算）。数据主要来源于中国经济与社会发展统计数据库、历年《中国统计年鉴》《中国能源统计年鉴》《中国金融统计年鉴》和各省统计年鉴。

碳排放量的测算。根据国际惯例，碳排放主要源于四个方面：化石燃料燃烧排放、水泥生产排放、土地使用排放和二次能源净出口燃烧排放。根据国际能源署的数据，化石燃料燃烧排放约占据碳排放总量的80%；根据美国橡树岭国家实验室二氧化碳信息分析中心（CDIAC）的数据，中国水泥生产带来的碳排放超过了10%，已不容忽视；对于地区而言，二次能源净出口可以忽略不计；而土地使用（砍伐森林）带来的碳排放缺乏相关数据；故笔者主要从化石燃料燃烧排放、水泥生产排放两方面计算省际碳排放，借鉴李怀政、林杰（2013）的方法估算化石燃料产生的碳排放量，借鉴赵志耘、杨朝峰（2012）的方法计算水泥产生的碳排放量。具体见公式（5-45）：

$$CO_2 = \sum_{i=1}^{8} (E_i \times \theta_i) + CE \times \varphi = \sum_{i=1}^{8} (E_i \times N_i \times CC_i \times COF_i \times 3.67) + CE \times \varphi \quad (5-45)$$

其中，i 表示表4-1中列出的八种化石燃料；E 代表化石燃料的消耗量；CE 代表水泥生产产量；θ 和 φ 分别为不同化石燃料和水泥的碳排放系数。N 是指化石能源的发热值，CC 是化石能源的含碳量，COF 是化石能源的氧化因子。

DEA投入产出变量。我们将使用MaxDEA软件来测度环境全要素生产率。（1）投入变量。能源消费：将各类能源消费统一折算成标准煤加总而得；人力资本存量：借鉴朱平芳、李磊（2006）的做法，以科技活动人员数作为人力资本的代理变量；物质资本存量：采用永续盘存法进行计算，借鉴张军、吴桂英、张吉鹏（2004）的测算方法，以1990年为基期，折旧率为9.6%，初始资本存量用固定资产总额除以10%来计算。(2)产出变量。期望产出:以各省份年度人均地区生产总值来表示,考虑到研究可比性,将其全部按照1993年的可比价格进行折算;非期望产出:碳排放量。

计量模型变量。

被解释变量:lnRGDP、lnTFP、lnSTE。

解释变量。贸易开放度:以各省份进出口总额占各省国内生产总值比重表示。金融发展水平:笔者借用金融中介的发展水平来代替,具体用城乡居民储蓄余额与当年国内生产总值的比值来计算。该指标去除了容易受到政府信贷政策影响的企业存款,更真实地反映了居民自己的储蓄行为,更少受到政府政策的扭曲。

控制变量。要素密集度:根据雷布津斯基定理,资本—劳动比率(即人均资本存量)的提高将导致资本密集型部门的产出提高,资本密集型部门一般是污染密集型部门,从而增加污染排放。产业结构:第二产业尤其是重工业比重过高,增加碳排放。本书以第三产业占国内生产总值的比重来度量。能源消费结构:能源消费结构中以传统化石能源煤炭为主时,产生的碳排放量最大。用煤炭消耗占能源消费的比重来衡量。人口规模:人口规模增加时,家庭生活的消费需求上升,碳排放量增加;用各省年末人口总数表征。具体变量描述性统计特征见表5-6。

表5-6　变量的描述性统计指标

变量对数	均值	标准差	最小值	最大值	观测值
lnRGDP	9.6229	0.8795	7.6246	11.5639	551
lnTFP	−1.8848	0.9108	−3.4916	0	551
lnSTE	−1.7150	0.5026	−3.1564	1.3943	551

续表

变量对数	均值	标准差	最小值	最大值	观测值
lnTRADE	-1.7471	1.0325	-3.4534	0.5432	551
lnFDL	-0.3930	0.2229	-0.9738	0.2095	551
lnIS	3.6991	0.2040	3.3214	4.4485	551
lnpp	8.1431	0.7997	6.1369	9.5786	551
lnCCS	4.1430	0.3094	3.1355	4.6634	551
lnEI	-1.4301	1.0086	-4.0157	2.5665	551

资料来源：由笔者计算所得。

三、实证结果分析

内生性的存在使得静态面板模型失效，有学者提出差分 GMM（Dif-GMM）估计，通过一阶差分消除不随时间变化的变量和个体非观测效应。为了增强广义矩估计结果的稳健性，本书将引入控制变量进行分析，包括要素密集度 EI、产业结构 IS、能源消费结构 CCS、人口规模 PP。考虑到样本数据的平稳性，先对样本数据取对数，然后进行差分 GMM 估计。表 5-7 给出了被解释变量为 lnRGDP、lnSTE 和 lnTFP 的回归结果。

表 5-7　模型实证结果

解释变量	lnRGDP	lnSTE	lnTFP
被解释变量滞后一期	0.9546*** (0.0196)	0.5088*** (0.1040)	0.0780(0.1674)
lnTRADE	0.1325*** (0.0489)	-0.1910* (0.1003)	-0.2949*** (0.1130)
$(\text{lnTRADE})^2$	-0.2052* (0.0119)	—	—
lnFDL	-0.1034*** (0.0401)	-0.3832* (0.2263)	-1.0245*** (0.2504)
lnIS	-0.3365*** (0.0622)	-0.2385*** (0.2558)	-0.8931*** (0.3137)

续表

解释变量	lnRGDP	lnSTE	lnTFP
lnFI	0.0109* (0.0065)	0.1149*** (0.0463)	0.3233*** (0.0449)
lnECS	0.0811** (0.0402)	0.5080** (0.2360)	0.2432* (0.0528)
lnPS	0.6029** (0.2389)	-0.5610 (0.7000)	2.4359* (1.2995)
AR^2	0.534	0.052	0.097
Hansen Test	1.00	1.00	1.00
样本个数	522	522	522

注:括号内为稳健标准误差;*、**、***分别表示在10%、5%、1%的置信水平上显著;AR^2、Hansen Test的输出结果为P值。

资料来源:由笔者计算所得。

第一,无论是规模效应模型,还是其他效应模型,被解释变量的一阶滞后项在5%的统计水平上显著,但观察三个模型滞后项的系数,发现经济规模滞后一期的影响程度远高于经济结构和环境技术效率。故笔者认为,上一期的经济规模、投入产出结构对当期具有显著的示范性效应,而经济规模、投入产出结构又影响碳排放,所以碳排放本身具有自我激励的性质,前期碳排放控制的有效性有助于后期减排工作的进行。而上一期的环境技术效率对本期的影响则十分微弱。

第二,贸易开放的规模效应为正。由公式(5-44)的估计结果可知,贸易开放变量一次项的系数为0.1325,在1%的水平下显著;加入贸易依存度的平方,发现二次项系数为-0.2052,在10%的水平下显著。贸易开放度与经济增长呈现倒"U型"曲线关系,在经济开放初始阶段对外贸易的开展将促进本国经济增长,然而在超越特定临界值水平之后贸易开放度的进一步提高反而会降低经济增长率。

第三,贸易开放的结构效应为负。根据公式(5-44)中将被解释变量替换为lnSTE后的结果,发现贸易开放的系数为-0.1597,在10%的水平下显著。贸易开放度每上升1%,投入产出结构优化0.1910%,结构效应产生的碳排放下降0.1910%。说明贸易自由化能通过加快投入产出结构的优化降低碳排放。我国的贸易开放完全可以在分享全球自由贸易可能带来的收益的同时,通过承接国际产业转移有效促进经济结构的优化升级。

第四,贸易开放的技术效应为正。对于公式(5-44)中将被解释变量替换为lnTFP后,发现贸易开放的系数为-0.2949,在1%的水平下显著。贸易开放度每上升1%,技术水平下降0.2949%,技术效应产生的碳排放上升0.2949%。与新增长理论中贸易开放会加快本国技术进步、提高要素生产率的认定相反。可见,在开放经济情形中本国研发部门并没有能够通过获取外部技术信息、模仿与学习外界先进技术来提高自身研发能力与研发效率,实现技术外溢。

第五,除金融发展的规模效应为负外,其余效应与贸易开放的相关效应方向相同。由公式(5-44)的估计结果可知,金融发展变量一次项的系数为-0.1034,在1%的水平下显著。这意味着金融发展与人均GDP负相关,与理论预期设想相反。笔者认为我国人均收入水平并不高,金融发展对经济增长的作用并不明显。

第六,从表5-8的检验结果可以看出,公式(5-44)及其替换了被解释变量为lnSTE和lnTFP后,Arellano-Bond二阶检验的P值均大于0.5,说明在5%的显著性水平上扰动项的差分不存在二阶自相关,差分广义矩估计的估计量是一致的,差分GMM能够成立。另外 Hansen 检验的 P 值均大于 0.5，表明在 5%的显著性水平上不能拒绝所选工具变量有效的假设，因而差分广义矩估计的估计量是有效的。

从总体上来讲，我们估算了 1995—2014 年中国 29 个省区市的碳排放水平，利用全域马尔姆奎斯特—卢恩伯格指数将碳排放变动分解为人均国内生产总值变动、结构变化、技术变动，在可拓展的随机性的环境影响评估的基础上，使用动态面板差分 GMM 数据模型，对贸易开放、金融发展的碳排放效应进行测度和分析，得出以下结论。

第一，上一期的经济规模、投入产出结构对当期具有显著的示范性效应，由其引致的碳排放存在自我激励的性质。说明人们的消费理念和生活方式的选择对碳排放量产生重要影响，可以通过灌输低碳思想和理念转变人们高碳的生活方式以降低区域碳排放水平。

第二，贸易开放的规模效应为正，主要通过增大经济规模来增加碳排放；贸易开放的结构效应为负，贸易自由化加速了投入产出结构的优化；贸易开放的技术效应为正，贸易开放并没有带来技术的溢出效应。总的来说，贸易开放增加了碳排放，首先源于技术效应，其次是结构效应，最后是规模效应。

第六章　碳排放下的环境规制与经济增长

第一节　能源结构、碳排放与经济增长

在第四章和第五章中，我们着重考虑了基于碳排放视阈下环境规制与技术发展、对外贸易的关系。在本章中，我们将关注点转移至环境规制政策与经济增长之间的关系。研究能源结构、经济增长与碳排放之间的关系具有重要的理论和现实意义。本节将主要通过建立向量自回归（VAR）分析框架，分析煤炭、石油、天然气三种能源消耗对中国西北地区——陕西省碳排放的影响程度，进而分析优化能源结构对减排的意义，以期为相关政策的制定提供理论指导。

环境污染与经济增长之间的关系在前人文献中已有备述，关于环境与经济之间关系的研究开始于 20 世纪末，1991 年美国经济学家格罗斯曼（Grossman）和克鲁格（Krueger）首次提出了用于研究环境污染与经济增长之间关系的环境库兹涅茨曲线。他们分别以二氧化硫（SO_2）、人均收入作为环境污染和经济增长的指标，

通过研究发现环境污染和经济增长之间满足倒“U 型”的曲线关系，即环境污染存在上限。继这两位学者之后，众多西方学者开始研究环境与经济之间的关系。之后学者沙菲克和班迪奥帕德海伊（Shafik 和 Bandyopadhyay，1992）研究了全球 149 个国家的经济增长和环境污染关系，发现多数国家二者之间存在倒“U 型”关系。进一步地，帕纳约塔（Panayotou，1997）将人口因素引入库兹涅茨模型，研究人均污染物与经济增长之间的关系，也验证了库兹涅茨曲线的存在。还有学者理查德、托马斯和露丝（Richard，Thomas 和 Ruth，1998）采用简化的计量经济模型估计了 1995—2050 年的全球碳排放面板数据，研究发现联合国政府间气候变化专门委员会采用的多数排放增长计划与经验计划不一致，且人均收入与人均碳排放之间的倒“U 型”曲线关系明显。格拉格和范德兹瓦恩（Gerlagh 和 Van der Zwaan，2006）采用比较分析法对减排的主要技术手段（碳捕获和碳封存）和基本政策（碳关税、化石燃料税、可再生能源补贴）进行了比较，认为碳组合标准是解决全球气候问题的最经济有效的方法，碳捕获和碳封存技术能够降低减排的成本却不能够满足大规模的可再生能源需求。

国内对环境污染与经济增长之间关系的研究起步较晚，却取得了丰硕的成果。林伯强、蒋竺均（2009）采用传统的库兹涅茨模型和在碳排放预测的基础上预测两种方法来检验中国环境库兹涅茨曲线的存在性。研究结果表明，第一种研究方法得出中国存在环境的库兹涅茨曲线，且拐点位于人均收入 37170 元处，而通过对二氧化碳需求的预测则发现中国不存在环境库兹涅茨曲线，但是在不同的能源和经济政策下曲线的形状有差异，即通过能源和经济政策的调整可以改变中国环境库兹涅茨曲线的形状。林伯强等采用“对数平均迪氏分解法”（LMDI）和“可拓展的随机性的环境影响评估模型”（STIRPA）模型，分析了影响中国人均碳排放的主要因素，认为两种分析法出现差异的主要原因是，除了人均收入、人均碳排放还受能源消费强度和能源结构碳强度的影响，工业能源强度和煤炭消费比例是两者变动的决定性因素。胡宗义、刘亦文、唐李伟（2013）采用非参数模型，将碳作为环境污染的指标，结果发现人均国内生产总值与人均二氧化碳排放之间不存在倒“U型”的曲线关系。许广月、宋德勇（2010）选用1990—2007年中国省域面板数据，研究发现东部和中部地区存在环境库兹涅茨曲线，而西部地区的环境库兹涅茨曲线则不存在。宋马林、王舒鸿（2011）用科普兰（Copeland）模型研究发现库兹涅茨曲线只存在于我国部分省市。进一步地，李治国、周德田（2013）研究了山东省人均地区生产总值与工业废水、二氧化硫、烟尘、工业固体排放四种环境污染物之间的关系，研究发现经济增长与环境污染的库兹涅茨倒“U型”曲线是否存在取决于地区的数据和衡量环境污染水平指标的不同。陈艳莹（2002）通过建立仅包含消费者的单部门微观模型，从消费和污染治理技术间的关系入手，解释了倒“U型”曲线，认为污染治理的规模报酬递增是库兹涅茨曲线存在的根本原因。汤二子、孙振（2012）以企业为研究对象，从微观角度研究了环境库兹涅茨曲线在企业层面的存在性，得出了企业污染排放量与产出间存在倒“U型”的环境库兹涅茨曲线关系，但是企业污染排放量与人均产出之间存在近似线性关系，即从微观部门角度印证了倒“U型”的环境库兹涅茨曲线的存在。徐盈之、董琳琳（2011）基于VAR（向量自回归）模型，分析了煤炭、石油、天然气对经济发展的影响，结果表明能源消费对经济发展有显著影响且不同能源实现同等减排效果的成本也存在较大差异。邵锋祥、屈小娥、席瑶（2012）认为陕西省人均碳排放库兹涅茨曲线存在拐点，且碳排放到达拐点大约需要32.5年的时间，即2040年之后随着人均收入的增加而碳排放减少。同时，该曲线符合倒“U型”曲线的特征，符合环境库兹涅茨曲线假说。研究还发现技术进步使碳排放减少，经济发展水平、能源强度、产业结构、工业结构重型化和制度因素使碳排放增加。陈德湖、张津（2012）选用30个省域2000—2009年的数据，中国碳排放与经济增长存在倒“U型”关系，工业结构比重对碳减排有消极影响，而技术进步、外商直接投资与碳排放之间存在显著的正效应。

从目前国内外的研究来看，在研究内容上，学者们对于碳排放的研究主要集中在环境的库兹涅茨曲线的验证上，研究范围也多集中于国家或区域层面。对于能源消费结构与碳排放关系研究的相关文献则比较少。在研究方法上，计量模型主要采用库兹涅茨的传统或其变形形式，对于碳排放与其影响因素之间的动态研究机制还有待深入。本节将基于陕西省1990—2012年的统计数据，通过建立各相关变量之间的向量自回归模型，动态研究碳排放与能源消费结构、经济增长之间的关系，以期为缓解陕西省经济发展与环境污染之间的矛盾提供借鉴。

一、变量选取及模型构建

向量自回归模型构建。通过构建包含人均产出 y，能源消费总量 E（或分类型能源消费占总能源消费的比重 E_{coal}、E_{oil}、E_{gas}）、城市化水平 U、人均碳排放 C 的向量自回归（VAR）模型，定量地研究能源消费结构对人均碳排放的影响。这种分析方法能够很好地反映各变量之间的动态反馈机制，并且能够测度能源消费对人均碳排放的直接效应和间接效应。本书主要估计 4 个向量自回归模型，每个模型都包括人均产出、人均碳排放及城市化水平。4 个模型能源变量分别是能源消费总量、三种类型的能源消费占总能源消费的比重。具体模型见公式（6-1）、公式（6-2）、公式（6-3）、公式（6-4）和公式（6-5）：

$$\ln C_{1t}=(\ln y,\ln E,\ln U) \tag{6-1}$$

$$\ln C_{2t}=(\ln y,\ln E_{coal},\ln U) \tag{6-2}$$

$$\ln C_{3t}=(\ln y,\ln E_{oil},\ln U) \tag{6-3}$$

$$\ln C_{4t}=(\ln y,\ln E_{gas},\ln U) \tag{6-4}$$

$$\ln C_{kt}=A_k\ln C_{kt-1}+E_t(t=1,2,3,4)E_t\sim \mathrm{iid}(0,\Omega) \tag{6-5}$$

其中，C 是人均碳排放，E 是三类能源的消费总量，E_{coal}、E_{oil}、E_{gas}分别代表各类能源消费占总能源消费的比重，U 代表城市化水平，A_k是 4×4 阶的系数矩阵，E_t是 4×1 的随机误差列向量，且 E_t是均值为 0，方差为 Ω 的白噪声序列。

变量说明与数据来源。基于数据的可获得性和研究需要，本书的研究区间确定为 1990—2012 年，所使用的能源数据主要来源于《中国能源统计年鉴》《陕西统计年鉴》，人均产出和城市化数据主要来源于《中国统计年鉴》。其中，人均产出采用陕西省各年份的当年价值与当年总人口的比值，城市化水平用城镇人口占总人口的比重来代替。

到目前为止，对于碳计量方法国际与国内还没有形成统一的标准，并且我国目前还没有公布省级碳排放数据。本书中的碳排放数据主要采用联合国政府间气候变化专门委员会 2006 年发布的《国家温室气体清单指南》第二卷中所提供的方法计算得到。具体方法见公式（6-6）：

$$C_i = \sum_{i=1}^{3} E_i \times F_i \tag{6-6}$$

C_i 代表第 i 种能源完全燃烧所产生的碳排放，E_i 代表第 i 种能源的消费总量，F_i 代表第 i 种能源的碳排放系数。

由于排放因子单位不统一，因此本书通过各种能源折算标准煤系数将联合国政府间气候变化专门委员会提供的排放因子进行了修正①，得到三种能源的排放系数：

煤炭：0.9159kgC/kg；石油：0.8360kgC/kg；天然气：0.5957kgC/kg。

通过计算得到的 1990—2012 年陕西省的碳排放量（见表 6-1）。

表 6-1　1990—2012 年陕西省碳排放统计　　（单位：万吨）

年份	总碳排放量	碳排放（煤炭）	碳排放（石油）	碳排放（天然气）
1990	1876.84	1753.03	116.44	7.37
1991	1991.67	1828.14	135.09	28.44
1992	2058.18	1885.84	142.87	29.47
1993	2250.84	2071.77	154.04	25.04
1994	2358.18	2159.69	177.33	21.15
1995	3555.90	3461.19	91.70	3.01
1996	3872.02	3753.36	117.48	1.19
1997	3466.47	3288.08	173.48	4.91
1998	3432.95	3213.89	203.85	15.21
1999	3039.06	2745.87	265.70	27.49
2000	2896.95	2533.38	310.72	52.85
2001	3323.70	2869.51	368.30	85.88

① 修正方法（以石油为例）：《国家温室气体清单指南》提供的石油的缺省因子为 73300KG/TJ，即石油充分燃烧后产生 1TJ 的热量释放出来的二氧化碳为 73300KG。石油的平均低位发热量为 41816KJ/KG，1TJ/41816 即为产生 1TJ 的热量需要燃烧的石油的质量，即 23914KG。73300/23914 = 3.065KGCO_2/KG 为一千克石油充分燃烧后释放出的二氧化碳量，最后 3.065×12/44 = 0.8360KGCO_2/KG。

续表

年份	总碳排放量	碳排放（煤炭）	碳排放（石油）	碳排放（天然气）
2002	3691. 29	3160. 77	419. 52	111. 00
2003	4290. 79	3627. 88	518. 24	144. 67
2004	5439. 84	4541. 03	639. 17	259. 63
2005	6429. 02	5540. 28	740. 11	148. 63
2006	8071. 22	6959. 01	886. 96	225. 25
2007	8688. 22	7402. 30	958. 39	327. 53
2008	9649. 13	8189. 06	1051. 25	408. 82
2009	10208. 54	8698. 30	1114. 02	396. 22
2010	12382. 83	10660. 16	1253. 72	468. 95
2011	13941. 44	12197. 96	1248. 39	495. 10
2012	16321. 10	14447. 41	1351. 02	522. 67

资料来源：笔者根据陕西省历年三大能源消费量计算整理得到。

二、实证检验

单位根检验。由于现实经济生活中有些经济变量属于非平稳序列，即变量随着时间呈现上升或下降趋势。而多数计量经济分析方法需要采用平稳序列进行相关实证分析，因此在建模前需要对各变量的平稳性进行检验。本书采用单位根（ADF）检验方法来确定各经济变量的单整阶数。检验结果显示见表 6-2。变量 lnC、lny、lnE、lnEcoal、lnEoil、lnEgas、lnU 的二阶差分 ADF 统计值均小于临界值，拒绝变量存在单位根的原假设，说明这 7 个变量的二阶差分均是平稳序列，即这些变量均是二阶单整的。

表 6-2　ADF 检验统计结果

变量	5%显著性水平下统计值	临界值	P 值
lnC	-3. 232896	1. 154649	0. 8952
dlnC	-3. 690814	-2. 768524	0. 2550

续表

变量	5%显著性水平下统计值	临界值	P 值
d(lnC,2)	-3.658446	-6.009413	0.0005
lnE	-3.632896	-1.187145	0.8883
d(lnE)	-3.644963	-3.332106	0.0884
d(lnE,2)	-3.658446	-6.115650	0.0004
lny	-3.644963	0.953146	0.9296
dlny	-3.644963	-2.993483	0.1568
d(lny,2)	-3.658446	-6.389810	0.0002
lnEcoal	-3.632896	-1.066429	0.9122
d(lnEcoal)	-3.644963	-3.371889	0.0824
d(lnEcoal,2)	-3.673616	-4.664490	0.0078
lnEoil	-3.632896	-1.866279	0.6374
d(lnEoil)	-3.690814	-2.393103	0.3701
d(lnEoil,2)	-3.710482	-6.093176	0.0007
lnEgas	-3.658446	-3.223804	0.1080
d(lnEgas)	-3.644963	-3.584087	0.0560
d(lnEgas,2)	-3.658446	-5.815704	0.0007
lnU	-3.632896	-0.782606	0.9521
d(lnU)	-3.644963	-2.578411	0.2921
D(lnU,2)	-3.658446	-4.537942	0.0092

资料来源:由笔者计算所得。

协整检验。对于非平稳序列,在实际计量应用中通常采取差分的方法来消除序列中的非平稳趋势。但这种方法也有其缺点,即差分后的变量往往不具有现实的经济意义。1978 年恩格尔(Engle)和格兰杰(Granger)提出了协整理论,为非平稳序列建模提供了一种新的研究方法。本书主要采用约翰森(Johansen)检验方法来检验变量之间的协整关系。在此之前,本书主要通过"赤池信息准则"或"最小信息化准则"(AIC)和"施瓦兹准则"(SC)

标准来确定向量自回归模型的最优滞后阶数,最后确定模型的最优滞后阶数为1。对4个模型进行约翰森(Johansen)协整检验的结果显示,最大特征值和迹特征值都显著拒绝了不存在协整关系的原假设,而在至少存在一个协整关系的原假设情形下,均不能拒绝原假设。说明原序列至少存在一个协整关系。

脉冲响应函数分析。通过协整检验分析可知,模型中的变量均存在长期稳定的均衡关系。短期内,可能受到某些随机干扰的影响而偏离均衡值,但最终还会回到均衡值。脉冲响应函数往往是分析当一个误差项发生变化或者说模型受到某种冲击时对系统的动态影响。因此,脉冲响应函数是分析变量之间动态关系的有效工具。在此之前,本书采用AR根估计的方法对向量自回归模型的稳定性进行了检验,结果显示4个模型的根模的倒数均小于1,表明模型是稳定的。据此对模型进行脉冲响应分析的结果是可信的。

我们分别绘制了煤炭消费比重、人均收入、城市化、天然气消费比重、石油消费比重和能源消费总量6个变量对碳排放的脉冲响应图。结果发现,当期给煤炭消费比重一个正冲击后,碳排放在前三期反应剧烈,从第三期以后开始趋向于平稳。这种响应说明,碳排放对煤炭消费的反应剧烈且这种反应是正向的。也就是说,煤炭消费量在能源消费结构中占的比重上升会带来一个国家或地区碳排放的显著增加。当期给经济增长一个正的冲击,碳排放的响应函数呈现先上升后下降的趋势,并在第四期达到碳排放的峰值。即人均收入对碳排放的影响是先上升后下降的,说明了陕西省碳排放量与经济增长之间符合环境的库兹涅茨倒"U型"的关系。当本期给城市化水平一个正的冲击后,碳排放量在前四期反应剧烈,但从第四期开始趋于稳定。且脉冲响应函数显示,这种影响是负向的,说明陕西省城市化水平对碳排放的影响不显著。当本期能源结构中天然气的消费比重上升时,碳排放量在前三期呈现下降的趋势,说明天然气消费比重的上升能够有效减少陕西省的碳排放量。当本期能源结构中石油的消费比重上升时,碳排放响应函数显示先上升后下降,但这种反应与煤炭消费相比较弱,说明在三大传统能源中石油消费带来碳排放增加要显著低于煤炭消费所引起的碳排放增加。当本期给能源消费总量一个正的冲击后,响应函数显示碳排放反应不明显。

综上所述,从脉冲响应函数的结果来看,陕西省的碳排放主要来源于传统能源(尤其是煤炭)的消费,在三大能源消费中,煤炭、石油对碳排放的影响是正向的,但是二者对碳排放量的影响程度不同。前者对碳排放量的影响较为显著,且持续时间较长,而后者在强度和持续时间上都较弱。而天然气消费对碳排放的影响却是负向的,也就是说增加天然气的消费量能够从一定程度上缓解陕西省的空气污染现状。经济增长与碳排放之间满足环境库兹涅茨倒"U型"曲线的关系,也就是说当人均收入处于较低水平时,碳排放随着人均收入的上升而增加,当人均收入处于较高水平时,碳排放随着人均收入的上升而减少。即陕西省碳排放量存在峰值或拐点。而城市化水平对碳排放的影响相对于其他几个变量而言不显著。

三、政策建议

在新常态背景下,作为西部地区经济发展的中心,陕西省实现经济增长与环境保护的双赢局面对整个西部地区实现经济的可持续发展具有重要意义。要想缓解经济增长与环境保护之间的矛盾，必须不断转变经济发展方式，走新型工业化道路。

首先，积极调整产业结构，促使产业结构适应环境保护的需要。

近年来，陕西省的经济发展主要依赖于第二产业的发展，而工业增长主要依靠高耗能、高污染产业的发展。2014 年，陕西省生产总值中第二产业的比重高达 54.8%，而第三产业的比重仅占 36.4%。第三产业增加值比重的上升有利于充分发挥其节能减排的作用。陕西省历史悠久，拥有深厚的文化底蕴及丰富的自然和人文景观。作为古丝绸之路的起点，陕西省应抓住与中亚地区重建丝绸之路经济带的历史机遇，加快产业结构升级。积极培育旅游、文化会展等现代新型服务业。

其次，优化能源消费结构，提高新能源的消费比重。

脉冲响应函数分析显示，三大传统能源中煤炭消费对碳排放的影响强度最大。自 20 世纪 80 年代以来，煤炭行业在陕西省尤其是陕北地区获得了飞速发展，并迅速成长为陕西省的支柱产业。2014 年，陕西省规模以上煤炭企业 439 户，占全省规模以上工业企业的 9.5%，在工业生产总值中，六大高耗能行业的综合能源消费量达到 6509.65 万吨标准煤，占规模以上工业能源消费量的 80.5%。在总能源消费中，煤炭消费所占的比重依然在 70%以上，风能、水能、太阳能、生物质能等新型可再生能源所占比重较小。针对目前的能源消费现状，陕西省应根据不同地区的资源条件，适时开发和利用风能、水能、太阳能、煤层气等清洁能源，加大对新能源利用的资金和政策支持，鼓励企业投资新能源项目，逐步提高天然气等清洁能源在能源消费结构中的比重。在降低煤炭使用的同时，还要提高煤炭的利用效率，延长煤炭产业的产业链。

再次，完善环保法律制度建设，充分利用法制手段推进地区环境治理。

当前陕西省正处于工业化的初期阶段，随着工业化及城市化进程的不断深入，碳排放量的峰值在未来很长一段时间内还不可能达到。在当前的经济发展模式下，要想改善地区空气质量，必须从污染的源头入手，结合陕西省的实际发展需求加大环保法律制度建设。我们需要加大环保法律制度建设，形成一整套以低碳经济发展模式为依托的法律、法规体系。从市场准入和企业排污监管两个方面促进陕西省的环境保护进程。在市场准入方面，地方政府在审查企业的建立资格时应将环境因素考虑在内，对新进入市场的企业可能给社会带来的负外部性进行有效评估，禁止那些高污染、高耗能、高排放的“三高”企业进入市场，对于市场中已经存在的企业，政府应该加强排污监管，坚持“谁污染、谁治理”的基本原则，通过排污税和污染排放指标等环境治理工具，约束企业的排污行为。同时，对高污染企业加强排污监管的同时，还要对其进行必要的整改，通过企业的兼并、合并和重组改变企业的市场边界，淘汰那些市场规模小、排放污染量高的企业。

最后，建立碳计量和碳市场，充分利用市场手段实现低碳经济发展。

碳计量是建立碳交易市场的基础，目前中国各地区还没有统一的碳排放计量方法，国际碳排放的核算体系主要有自上而下的宏观层面和自下而上的微观层面的核算方法。陕西省应充分借鉴国内外碳计量核算的经验与方法，定期核算并发布地区温室气体排放核算报告，使陕西省的碳排放真正实现可测量、可核查、可报告。陕西省虽属于非碳交易试点地区，但可以在总结碳交易试点经验的基础上为地区和全国碳交易市场作出自己的贡献，可以开展与碳交易有关的地区政策和技术规范支撑体系的建设工作。例如，加强地方温室气体核算体系建设，开发适合地区经济发展需求的碳排放配额分配方法，制定企业积极参与碳交易的履约激励机制和违约惩罚措施等。通过开展上述工作，不断推进全国碳交易市场的顺利建设，同时充分利用市场手段来缓解地区经济发展与减排之间的矛盾，在新常态背景下稳步实现低碳经济的发展。

第二节　能源消费、碳排放与经济增长

除能源结构的供给侧之外，我们基于能源消费的需求侧将对其与碳排放和经济增长的关系进行重新探讨。本节将以塔皮奥（Tapio）脱钩模型研究陕西省能源消费、碳排放与经济增长之间的关系为着眼点，将二氧化碳脱钩程度作为发展低碳经济的衡量标准，以便考察陕西省低碳经济的发展现状。本节选取陕西省1993—2012年20年间的样本数据，测算了陕西省在此期间的能源消费引起的碳排放总量，并分能源类别测算了煤炭、石油、天然气三种一次性能源的碳排放量。文章利用近似性对陕西省能源消费、碳排放与经济增长三者关系进行研究，结果表明：陕西省碳排放主要来源于煤炭消费；陕西省碳排放总量与能源消费总量变化趋势近似，但近些年来有明显的“脱离”；能源强度与碳排放强度的变动趋势高度近似。文章运用脱钩理论对陕西省能源消费、碳排放与经济增长关系进行研究，并构造因果链将脱钩指标分解为节能脱钩和减排脱钩指标。实证分析结果表明：总脱钩指标和节

能脱钩指标变化具有明显的一致性，且后者对前者总量增长速度的减缓起到了重要作用，是前者变化的主要原因；减排脱钩指标除了 1995 年和 2000 年之外，其余年份大多都处于扩张连接状态；总脱钩指标在 2006—2012 年处于弱脱钩状态。

脱钩源于物理学领域，表示相互联系的变量之间相应关系淡化甚至完全脱离的现象。目前国内外已经有很多学者运用“脱钩”理论模型研究经济增长和碳排放量的关系。经济合作与发展组织（OECD）（2002）为探讨经济发展与环境污染之间的关联性，将其运用到环境方面，“脱钩”被视为测度经济发展与物质消耗或生态环境之间的压力状况、衡量经济发展模式可持续性工具。学者朱克尼（Juknys R.，2003）利用初级与次级脱钩概念，分析了立陶宛的脱钩情形。

国内方面，邓华、段宁（2004）较早介绍了西方经济增长与能源消耗关系的两种主流评价模式；庄贵阳（2007）运用塔皮奥（Tapio）脱钩指标对包括中国在内的全球 20 个温室气体排放大国在不同时期的脱钩特征进行了分析；孙耀华、李忠民（2011）运用脱钩理论对中国各省区市经济发展与碳排放之间的关系进行了考量，并通过因果链分解进一步探究两者变化的原因；孙小祥、杨桂山（2013）运用脱钩理论研究了无锡市各县市能源消费、碳排放与经济增长三者关系。

可以看出，以上的分析是从较为宏观的角度梳理影响碳排放的基本因素，并未从因果的角度对影响碳排放的因素进行深入的分析。鉴于此，本节运用陕西省 1993—2012 年的相关数据，创造性地结合近似关系和脱钩理论模型对陕西省能源消费、碳排放和经济增长的关系进行研究，并且通过因果链将其结果分解为节能弹性和减排弹性,对其结果进行的影响因素作出了更为精确的探讨。

一、数据来源与脱钩模型

本章内容的数据来源于1994—2013年的《陕西统计年鉴》,具体包括各年份的经济总量,能源消费总量,煤炭、石油、天然气能源消费量等。

脱钩分析的基本模型主要有两种:基于期初值和期末值的经济合作与发展组织脱钩指标模型和基于弹性变化的塔皮奥(Tapio)脱钩状态分析模型。

经济合作与发展组织脱钩模型是基于"驱动力—压力—状态—影响—反应"框架而设计的,主要反映前两者的关系,即"驱动力"与"压力"在同一时期的增长弹性变化情况。例如,碳排放即环境压力,而经济增长可成为经济驱动力,如果碳排放增长率与经济增长比呈现不平行的现象,即经济体系发生了脱钩现象。进一步细分,若两者的增长速度都为正,但经济增长速度高于碳排放增长速度,则称"相对脱钩";若经济增长而碳排放减少则称"绝对脱钩"。

和经济合作与发展组织方法相比,塔皮奥模型采用的弹性分析方法不受统计量纲变化的影响;选取数据时间序列平稳使得结果具有较高的稳定性;塔皮奥脱钩指标可对总指标进行因果链分解,以便更进一步研究不同因素对脱钩指标变化的作用;塔皮奥分类方法更加细致。这些优点使得在进行脱钩指标研究时,塔皮奥模型应用更为广泛。

塔皮奥在研究1970—2001年间欧洲经济发展与碳排放之间的关系时,引用了交通运输量作为中间变量,将脱钩弹性分解为国内生产总值与交通运输量之间的脱钩弹性、总体碳排放量和交通

运输量之间的脱钩弹性,见公式(6-7)和公式(6-8):

$$e_{V,G}=\frac{\Delta V/V}{\Delta G/G} \tag{6-7}$$

$$e_{C,V}=\frac{\Delta C/C}{\Delta V/V} \tag{6-8}$$

其中,G 表示国内生产总值 GDP,ΔG 表示国内生产总值增加值 $GDP_{Ti-Ti-1}$;同样地,C 表示碳排放量,ΔC 表示碳排放量的增量 $CO_{2\,Ti-Ti-1}$。e 表示弹性,公式(6-7)表示经济增长导致交通运输量增加的情况,公式(6-8)表示交通运输量与所产生的碳排放量之间的脱钩弹性公式。将两式相乘,即得到经济增长导致碳排放量的变化,见公式(6-9):

$$e_{C,G}=\frac{\Delta C/C}{\Delta G/G} \tag{6-9}$$

塔皮奥根据脱钩弹性值大小,定义了 8 种脱钩状态或指标,见表 6-3。

表 6-3　塔皮奥脱钩指标体系

状态	ΔCO_2	GDP	弹性 e	是否可取	
	环境压力	经济增长			
复脱钩	扩张性复脱钩	>0	>0	t>1.2	不可取
	强复脱钩	>0	<0	t<0	不可取
	弱复脱钩	<0	<0	0<=t<0.8	不可取
脱钩	弱脱钩	>0	>0	0<=t<0.8	较理想
	强脱钩	<0	>0	t<0	理想
	衰退脱钩	<0	<0	t>1.2	可允许
连接	扩张连接	>0	>0	0.8<=t<=1.2	不可取
	衰退连接	<0	<0	0.8<=t<=1.2	可允许

资料来源:由笔者整理所得。

而本书研究的问题——陕西省能源消费（E）、碳排放（C）与经济增长（GDP）的脱钩关系则根据因果链分解方法表现为节能性脱钩指标以及减排性脱钩指标。

节能性脱钩指标——能源消费和经济增长的脱钩性指标，见公式（6-10）：

$$E_{E,G}=\frac{\Delta E/E}{\Delta G/G} \tag{6-10}$$

减排性脱钩指标——碳排放与能源消费的脱钩性指标，见公式（6-11）：

$$e_{C,E}=\frac{\Delta C/C}{\Delta E/E} \tag{6-11}$$

将前两者相乘，即得到总体指标——碳排放与经济增长的脱钩性指标，见公式（6-12）：

$$e_{C,G}=\frac{\Delta C/C}{\Delta G/G} \tag{6-12}$$

其中，G 表示国内生产总值 GDP，ΔG 表示国内生产总值增加值 $GDP_{Ti-Ti-1}$；同样地，C 表示碳排放量，ΔC 表示碳排放量的增量 $C_{Ti-Ti-1}$；原模型中 C 代表“二氧化碳”排放量，本书模型 C 测度的是“碳”排放量。

二、碳排放量的测算

石化能源消费是碳排放的主要来源，因此考虑煤炭、石油和天然气消费总量来估算碳排放总量。本书采用 2006 年联合国政府间气候变化专门委员会为《联合国气候变化框架公约》及《京都议定书》制定的《IPCC 国家温室气体清单指南》提供的方法，碳排放总量可以根据以上三类能源消费所导致的各自的碳排放量与各自的排放系数乘积之和计算，见公式(6-13)：

$$C = \sum_{i=1}^{3} E_i F_i \qquad (6-13)$$

式(6-13)中：C 为能源消费碳排放总量(104t)；E_i 为第 i 种能源消费量(104tce)；F_i 为第 i 种能源碳排放系数。目前，学术界对于碳排放系数尚无统一规定，通过查阅相关资料和文献，将国内外各种能源消耗的碳排放系数进行比较分析，取其平均值进行计算，见表 6-4。

表 6-4 各类能源碳排放系数

数据来源	碳排放转换系数		
	煤炭	石油	天然气
	t(C)/t	t(C)/t	t(C)/t
DOE/EIA	0. 702	0. 478	0. 389
日本能源经济研究所	0. 756	0. 586	0. 449
中国国家发展和改革委员会能源研究所	0. 7476	0. 5825	0. 4435
中国工程院	0. 68	0. 54	0. 41
国家环保局温室气体控制项目	0. 748	0. 583	0. 444
国家科委气候变化项目	0. 726	0. 583	0. 409
平均值	0. 7266	0. 5588	0. 4241

资料来源：笔者根据 DOE/EIA、日本能源经济研究所、中国国家发展和改革委员会能源研究所、中国工程院等 6 个机构公布数据整理得出。

而 1993—2012 年陕西省能源消费引起的碳排放量测算见表 6-5。

表 6-5 1993—2012 年陕西省碳排放总量及各类能源消费引起的碳排放量

(单位：万吨)

年份	煤炭消费引起的碳排放量	石油消费引起的碳排放量	天然气消费引起的碳排放量	碳排放总量
1993	1643. 918	144. 5001	1. 340156	1789. 758
1994	1713. 243	166. 3492	1. 132347	1880. 725

续表

年份	煤炭消费引起的碳排放量	石油消费引起的碳排放量	天然气消费引起的碳排放量	碳排放总量
1995	1802. 455	19. 34007	1. 955101	1823. 750
1996	1880. 877	215. 3392	0. 771862	2096. 988
1997	1881. 640	252. 8794	3. 180750	2137. 700
1998	1740. 207	258. 1656	9. 754300	2008. 127
1999	1483. 688	257. 2715	17. 87157	1758. 831
2000	1356. 301	340. 9351	34. 35210	1731. 588
2001	1537. 340	411. 4165	55. 82428	2004. 581
2002	1726. 111	477. 9081	72. 15213	2276. 171
2003	2023. 617	501. 1263	94. 03569	2618. 779
2004	2354. 242	577. 1622	168. 7621	3100. 166
2005	3128. 238	540. 5161	96. 60998	3765. 364
2006	3438. 097	567. 4335	160. 3607	4165. 891
2007	3890. 413	590. 8751	227. 0886	4708. 376
2008	4016. 805	760. 5212	291. 0726	5068. 398
2009	4433. 292	785. 6560	282. 0774	5501. 025
2010	4943. 118	873. 6894	324. 1396	6140. 947
2011	5494. 949	908. 8211	352. 4483	6756. 218
2012	6083. 371	944. 0591	361. 3120	7388. 742

资料来源：由笔者计算所得。

三、实证分析

近似关系分析。首先，我们来观察陕西省经济总量、能源消费和碳排放总量之间的近似分析。根据《陕西统计年鉴》1993—2012年相关数据测算，我们得到了陕西省1993—2012年经济总量、能源消费总量和碳排放总量的分布信息。其中发现，陕西省经济总量在1993—2012年20年间持续增长，且从2003年后出现了飞速增长，且经济总量曲线的斜率越来越大，即经济总量增速越来越快；而能源消费总量和碳排放总量都经历了缓慢的增加（1993—

1996 年)—下降(1997—1999 年)—猛增(2000—2012 年)这三个阶段。

在初期阶段,能源总量、碳排放总量与经济总量三者曲线变化趋势“亦步亦趋”,而碳排放总量和能源总量变化趋势曲线始终近似,但也不难发现,自 2000 年以后,碳排放总量和能源消费总量出现了一定程度上的“脱钩”,表现为两者的垂直距离在不断增大。而经济总量在 2003 年后飞速增长。综合分析可以得出,陕西省能源消费总量与经济总量之间的脱钩关系明显,即节能脱钩指标明显;而碳排放总量与能源消费总量之间的脱钩关系也表现出一定程度的“脱钩”,即减排脱钩指标有一定程度的“脱钩”趋势,但后者显然没有前者脱钩程度高,即陕西省节能效果远远大于减排效果。其具体变化需后文进一步进行定量实证分析。

其次,我们再来观察能源消费碳排放总量与各类能源消费碳排放量之间的近似关系。我们发现,在 1993—2012 年间,油气和天然气消费引起的碳排放量曲线上升幅度平缓,说明油气和天然气消费引起的碳排放量变化不大,在碳排放总量中占据的比重也非常小,油气消费引起的碳排放量占碳排放总量的比重由 1993 年的 8.07%上升到 2012 年的 12.78%,天然气消费引起的碳排放量占碳排放总量的比重由 1993 年的 0.07% 上升到 2012 年的 4.89%。而煤炭消费引起的碳排放量曲线和碳排放总量曲线变化趋势具有很高的近似度,且煤炭消费量快速增长。同时可以看出,煤炭引起的碳排放量曲线和碳排放总量曲线的垂直距离在不断增加,即煤炭消费对碳排放总量的“贡献率”变小,其中一部分原因在于其替代能源——油气和天然气消费量在不断增加;另一部分原因在于其本身的单位碳排放量比原来减少。具体情况需要后文进一步进行定量实证分析。

最后，我们进一步观察能源强度与碳排放强度之间的近似对比。根据陕西省1993—2012年间经济总量、碳排放总量和能源消费总量数据整理分析，得出两个指标——单位国内生产总值能耗和单位国内生产总值碳排放总量，即能源强度和碳排放强度。我们发现，1993—2012年，单位国内生产总值能耗和单位国内生产总值碳排放总量变化趋势近似度很高，且变化趋势相同。具体分析，1993—1999年，单位国内生产总值能耗和单位国内生产总值碳排放总量均处于下降阶段；2000—2003年，两者均处于缓慢上升阶段；2004—2012年，两者均处于缓慢下降阶段。单位国内生产总值能耗从1993年的3.81下降到2012年的0.76，即能源消费强度下降了80.05%；单位国内生产总值碳排放总量从1993年的2.64下降到2012年的0.51，即碳排放强度下降了80.68%。由此可以得出，陕西省经济增长的能源要素驱动作用程度在下降，碳排放强度随能源强度变动程度近似，降低能源强度对碳减排具有积极作用。

脱钩关系分析。根据1993—2012年《陕西统计年鉴》相关年份数据及脱钩理论模型相关计算公式，得到表6-6、表6-7、表6-8。

我们首先对碳排放与经济增长的脱钩关系进行测度。依据构建的节能脱钩指标、减排脱钩指标、总体指标三个脱钩指标，结合相应年份的数据，得到表6-6、表6-7、表6-8，这三个表分别为：历年总脱钩指标、节能脱钩指标和减排脱钩指标及其相对应的脱钩状态。

表 6-6　1994—2012 年陕西省碳排放总量对经济总量的脱钩指标及其脱钩状态

年份	Δ 碳排放量	ΔGDP	(ΔC/C)/(ΔG/G)	脱钩状态
1994	90. 96618	160. 83	0. 252328	弱脱钩
1995	-56. 9744	197. 82	-0. 16374	强脱钩
1996	273. 2378	178. 99	0. 8851	扩张连接
1997	40. 712	147. 76	0. 175754	弱脱钩
1998	-129. 573	94. 8	-0. 99264	强脱钩
1999	-249. 296	134. 24	-1. 68161	强脱钩
2000	-27. 2434	211. 36	-0. 13429	强脱钩
2001	272. 9933	206. 62	1. 325214	扩张性复脱钩
2002	271. 5901	242. 77	1. 107517	扩张连接
2003	342. 6081	334. 33	1. 012606	扩张连接
2004	481. 3871	587. 86	0. 8388	扩张连接
2005	665. 1979	758. 14	0. 916638	扩张连接
2006	400. 5267	809. 89	0. 563127	弱脱钩
2007	542. 4853	1013. 68	0. 654386	弱脱钩
2008	360. 0221	1557. 29	0. 33364	弱脱钩
2009	432. 6268	855. 22	0. 751283	弱脱钩
2010	639. 9217	1953. 68	0. 539968	弱脱钩
2011	615. 2713	2388. 82	0. 476998	弱脱钩
2012	632. 5241	1941. 38	0. 637345	弱脱钩

资料来源：由笔者计算所得。

表 6-6 表明，1994—2012 年间，大多数年份陕西省碳排放与经济总量脱钩状态中，有 9 个年份均处于弱脱钩的良好状态，有 4 个年份处于强脱钩的理想化状态，均说明经济增长过程中有 5 个年份处于 0. 8—1. 2 的扩张连接状态，只有一个年份处于扩张性复脱钩状态。1994—2000 年，碳排放对经济增长的脱钩最为显著，同时也是消费强度和碳排放强度下降最迅猛的年份。但这并不代表陕西省实现了真正意义上的“脱钩”，陕西省在此 7 年间，能源消费还处于总量非常小的时期，其中 1997—2000 年间，甚至出现

了消费总量持续下降的状态,而这 4 年间经济总量一直处于缓慢增长的状态,所以,出现了 1997 年的“弱脱钩”和 1998—2000 年的“强脱钩”的假象。因为从严格意义上来讲,真正的“脱钩”应该符合以下两个标准:一是经济增长的同时能源消费(碳排放)的绝对量减少;二是这种递减趋势应持续一段时间。很显然,1998—2000 年间的脱钩状态没有可持续性。所以陕西省要实现真正意义上的“强脱钩”,还任重道远。

2001—2005 年,碳排放与经济增长的脱钩指标均大于 0.8,其中 2001 年脱钩指标处于扩张性复脱钩状态,其余 4 个年份均处于扩张连接状态。

2006—2012 年,陕西省碳排放与经济增长的脱钩状态均处于弱脱钩状态。

其次,我们对能源消费、碳排放和经济增长的脱钩指标因果链分解进行实证分析。我们对 1994—2012 年陕西省能源消费、碳排放和经济增长的脱钩指标总结果的具体演变原因进行分解,分解为节能脱钩指标和减排脱钩指标。

表 6-7　1994—2012 年陕西省能源消费总量与经济总量的脱钩指标及其脱钩状态

年份	ΔE	ΔGDP	(ΔE/E)/(ΔG/G)	脱钩状态
1994	131.97	160.83	0.253538	弱脱钩
1995	153.67	197.82	0.280728	弱脱钩
1996	132.03	178.99	0.298836	弱脱钩
1997	67.44	147.76	0.202819	弱脱钩
1998	-143.77	94.80	-0.756200	强脱钩
1999	-340.63	134.24	-1.563850	强脱钩
2000	32.59	211.36	0.106299	弱脱钩

续表

年份	ΔE	ΔGDP	(ΔE/E)/(ΔG/G)	脱钩状态
2001	417.56	206.62	1.339098	扩张性复脱钩
2002	413.54	242.77	1.113286	扩张连接
2003	471.08	334.33	0.930392	扩张连接
2004	773.70	587.86	0.890641	扩张连接
2005	865.11	758.14	0.807653	扩张连接
2006	612.62	809.89	0.581516	弱脱钩
2007	837.75	1013.68	0.678936	弱脱钩
2008	630.42	1557.29	0.387649	弱脱钩
2009	616.03	855.22	0.712919	弱脱钩
2010	983.52	1953.68	0.551666	弱脱钩
2011	890.30	2388.82	0.460414	弱脱钩
2012	884.60	1941.38	0.598010	弱脱钩

资料来源:由笔者计算所得。

表6-7显示,陕西省1994—2012年节能脱钩指标状态变化与总指标脱钩指标状态变化趋势基本一致,特别是2001年后,两者脱钩指标状态全部相同,显示出陕西省碳排放与经济增长脱钩关系中起着关键作用的是节能弹性,即在陕西省发展低碳经济的过程中,节能因素起着绝对主导作用。

1994—2000年:第一阶段1994—1997年,节能脱钩指标均处于弱脱钩状态;第二阶段1998—1999年均处于强脱钩状态,2000年处于弱脱钩状态。具体来看,1994—1997年我国刚刚建立起市场配置资源在整个国民经济中的基础性论调,陕西省作为西部内陆省份,工业发展又以大型工业项目为主,而又以能源消耗型为多数,而经济发展模式具有一定的"惯性",加上大型工业项目投资具有"锁定效应",所以这三年间陕西省的能源消费量依然在缓慢增加;而第二阶段1998—2000年,市场分配资源使得陕西省通过产业结构进行调整升级大大降低了能源消耗量,但其能源利用率也进一步提升。其能源消费强度从1993年的3.81下降到1997年的2.25,从1997年的2.25继续下降到2000年的1.45,1993—2000年单位国内生产总值能耗共下降了61.84%。

2001—2005年:2000年以后,随着西部大开发战略的实施和大量国内外投资方向对准西部,尤其是利用陕西省丰富的自然能源资源发展西部,陕西省在这一时期的主要任务是发展经济,地区生产总值从2001年的2010.62亿元上升到2005年的3933.72亿元,地区生产总值平均增长率高达19.12%,远远高出全国平均水平。而这一时期同大多数国家或地区发展路径一样——将资源消耗来换取经济增长放在首要位置,当经济总量达到一定程度,再兼顾污染物排放(碳排放)治理。这时期陕西省虽然通过产业结构调整升级大大降低了能源消耗量,能源利用效率经历了先增后减的过程,但是增减幅度较小,没有明显的提高,能耗强度从2001年的1.51到2005年的1.41,整体上下降了6.62%。

2006—2012年:2006年后,即"十一五"规划期间,陕西省通过一系列环境保护法的实施,通过开发优势资源,调整产业结构,加快科学技术在经济发展和环境保护中的作用。这一时期,陕西省经济持续增长,单位能耗一直处于下降趋势,产业结构低碳化趋势明显。从2006年的1.3下降到2012年的0.76,下降了41.54%,因为陕西省的改革开放和现代化建设进入了一个崭新的时期,通过经济体制的进一步改革,调动了各方面的积极性,有力地促进了经济的发展,产业结构得到了有效调整,基础设施不断完善,能源结构得以优化,技术改造逐步升级。

通过以上分析,证实了节能因素对总脱钩指标有较大的"贡献率”,这也印证了前文通过近似度分析结果,为其结果提供了更为详细的分析实证依据。

表 6-8　1994—2012 年陕西省碳排放总量与能源消费总量的脱钩指标及其脱钩状态

年份	ΔC	ΔE	(ΔC/C)/(ΔE/E)	脱钩状态
1994	90.96618	131.97	0.995219	扩张连接
1995	-56.9744	153.67	-0.58328	强脱钩
1996	273.2378	132.03	2.961838	扩张性复脱钩
1997	40.712	67.44	0.866538	扩张连接
1998	-129.573	-143.77	1.312536	衰退连接
1999	-249.296	-340.63	1.075331	衰退连接
2000	-27.2434	32.59	-1.26331	强脱钩
2001	272.9933	417.56	0.989635	扩张连接
2002	271.5901	413.54	0.994821	扩张连接
2003	342.6081	471.08	1.088369	扩张连接
2004	481.3871	773.7	0.941791	扩张连接
2005	665.1979	865.11	1.134939	扩张连接
2006	400.5267	612.62	0.968377	扩张连接
2007	542.4853	837.75	0.963837	扩张连接
2008	360.0221	630.42	0.860679	扩张连接
2009	432.6268	616.03	1.05381	扩张连接
2010	639.9217	983.52	0.978797	扩张连接
2011	615.2713	890.30	1.036023	扩张连接
2012	632.5241	884.60	1.065778	扩张连接

资料来源:由笔者计算所得。

表 6-8 显示,在 1994—2012 年间,陕西省碳排放与能源消费的脱钩指标状态有 14 个年份处于扩张连接状态,2 个年份处于衰退连接状态,2 个年份处于强脱钩状态,1 个年份处于扩张性复脱钩状态。

1995 年和 2000 年出现的强脱钩状态不是真正的“强脱钩”，原因上文已提及，此处不再赘述。1998 年和 1999 年出现的衰退连接原因在于陕西省加大力度进行产业调整。

2001—2012 年，陕西省的减排指标状态一直处于扩张连接，从某种程度上来说，形成了“扩张连接”稳态，其主要原因在于政府政策和产业结构的路径依赖。

陕西省是新中国成立后国家依托丰富资源区域投资建设工业体系的重点区域之一，形成了以高能耗、高碳排放量的重工业为主体的产业格局。改革开放后陕西省工业化战略进一步推动了这种产业结构的发展和碳排放量的增长，从而重工业对陕西省国民经济的高贡献率在短期内难以由低耗能、低排量的产业来替代。产业结构路径依赖又加深了政府利用重工业拉动经济增长的路径依赖。

2006—2012 年，陕西省碳排放与经济增长显示出较为明显的脱钩趋势。原因是：(1) 节能弹性稳定是出现整体脱钩趋势的主要因素。其变化曲线和整体弹性变化曲线形状基本一致。7 年间，节能脱钩状态均为弱脱钩，这为碳排放与经济增长的脱钩形成了稳定的推力，但也要看到这 7 年间节能脱钩指标不稳定，处于波动状态，因此陕西省在未来节能方面还有很大的进步空间。(2) 减排弹性对总体脱钩指标贡献率较小。2001—2012 年，减排弹性一直处于扩张连接状态，其指标在 0.8—1.2 区间波动，没有稳定趋向，说明陕西省碳减排技术水平一般且对碳排放与经济结构脱钩的贡献不明显，减排技术发展相对落后。这也从另一方面反映出陕西省在减排工作方面还需要加大力度，有更多的工作需要去做。

在本节中，我们运用脱钩理论分析陕西省能源消费、碳排放和经济增长的关系，即区域内“经济—能源—环境”两两之间的关系，辅助以近似判断方法进行验证分析结果，将碳排放与经济增长的关系运用因果链分解为节能弹性和减排弹性，对陕西省 1994—2012 年的经济低碳路径进行了研究，对陕西省后续经济低碳化发展起到了一定的借鉴作用。研究结果表明，由能源利用技术和产业结构决定的节能脱钩指标是导致总脱钩的主要原因。减排脱钩指标在研究阶段尤其是从 2001 年以后，均落在 0. 8—1. 2 区间，处于扩张连接状态。

无论是近似度比较还是脱钩理论分析，均显示在未来一段时间内，陕西省的碳排放量还将继续增长。这与陕西省的现实状况和发展思路是密切相关的，陕西省刚刚进入工业化、城市化快速发展阶段，大量基础设施还是需要能源消耗，由于处在特定的发展阶段，资源禀赋以及技术水平都受到限制，所以，未来碳排放总量仍然将上升，因而节能相对于减排更符合该省的实际发展需要。此外，陕西省产业结构不合理，工业尤其是重工业在国民经济中比重过大，造成经济增长对能源消耗的高度依赖，成为减排的重要障碍。

主要参考文献

1. 白伟荣、王震、吕佳:《碳足迹核算的国际标准概述与解析》,《生态学报》2014年第24期。

2. 陈德湖、张津:《中国碳排放的环境库兹涅茨曲线分析——基于空间面板模型的实证研究》,《统计与信息论坛》2012年第5期。

3. 蔡昉:《中国经济增长如何转向全要素生产率驱动型》,《中国社会科学》2013年第1期。

4. 陈晖:《澳大利亚碳税立法及其影响》,《电力与能源》2012年第1期。

5. 程惠芳、陆嘉俊:《知识资本对工业企业全要素生产率影响的实证分析》,《经济研究》2014年第5期。

6. 陈红敏:《国际碳核算体系发展及其评价》,《中国人口·资源与环境》2011年第9期。

7. 陈建斌、刘辰魁、屈宏强、李县法、葛家怡、陈素:《重点耗能企业温室气体计量的探讨》,《中国计量》2013年第12期。

8. 陈家德:《加拿大应对气候变化的政策机制及其林业碳计量模型——赴加拿大太平洋林业中心考察报告》,《四川林业科技》2013年第2期。

9. 陈诗一:《能源消耗、二氧化碳排放与中国工业的可持续发展》,《经济研究》2009年第4期。

10. 陈艳莹:《污染治理的规模收益与环境库兹涅茨曲线——对环境库兹涅茨曲线成因的一种新解释》,《预测》2002年第5期。

11. 丁丁:《开展国内自愿减排交易的理论与实践研究》,《中国能源》2011年第2期。

12. 邓华、段宁:《"脱钩"评价模式及其对循环经济的影响》,《中国人口·资源环境》2004 年第 6 期。

13. 戴魁早:《中国高技术产业的 R&D 投入与生产率增长——基于行业层面和 Malmquist 指数的实证检验》,《山西财经大学学报》2011 年第 3 期。

14. 邓思齐:《低碳经济背景下碳计量工作的思考》,《中国计量》2013 年第 12 期。

15. 冯晨、康蓉:《国际碳贸易——碳排放权的演化机制分析》,《西北大学学报(哲学社会科学版增刊)》2014 年第 S1 期。

16. 冯晨、康蓉、王栋、张秋芬、王昌玲、马劲风主编:《认知偏差与过度碳排放行为》,载 2014 中国管理科学与工程研究报告编委会:《中国管理科学与工程年研究报告》,哈尔滨工程大学出版社 2014 年版。

17. 傅京燕、张珊珊:《中美贸易与污染避难所假说的实证研究——基于内含污染的视角》,《中国人口 · 资源与环境》2011 年第 2 期。

18. 方文中、罗守贵:《自主研发与技术引进对全要素生产率的影响——来自上海高新技术企业的实证》,《研究与发展管理》2016 年第 1 期。

19. 郭庆宾、方齐云:《国外研究与开发(R&D)之溢出效果:基于我国 1985—2005 年的经验研究》,《国际贸易问题》2009 年第 4 期。

20. 郭庆旺、贾俊雪:《中国全要素生产率的估算:1979—2004》,《经济研究》2005 年第 6 期。

21. 胡鞍钢、郑京海、高宇宁、张宁、许海萍:《考虑环境因素的省级技术效率排名(1999—2005)》,《经济学(季刊)》2008 年第 3 期。

22. 胡荣、徐岭:《浅析美国碳排放权制度及其交易体系》,《内蒙古大学学报(哲学社会科学版)》2010 年第 3 期。

23. 胡宗义、刘亦文、唐李伟:《低碳经济背景下碳排放的库兹涅茨曲线研究》,《统计研究》2013 年第 2 期。

24. 金春雨、王伟强:《环境约束下我国三大城市群全要素生产率的增长差异研究——基于 Global Malmquist-Luenberger 指数方法》,《上海经济研究》2016 年第 1 期。

25. 计军平、马晓明:《碳足迹的概念和核算方法研究进展》,《生态经济》2011 年第 4 期。

26. 江小涓:《内资不能替代外资——在生产能力和资金都过剩时,为何还要利用外资》,《国际贸易》2000 年第 3 期。

27. 孔翔、Rorbert E.Marks、万广华:《国有企业全要素生产率变化及其决定因素:1990—1994》,《经济研究》1999 年第 7 期。

28. 匡远凤、彭代彦:《中国环境生产效率与环境全要素生产率分析》,《经济研究》2012 年第 7 期。

29. 林伯强、蒋竺均:《中国二氧化碳的环境库兹涅茨曲线预测及影响因素分析》,《管理世界》2009 年第 4 期。

30. 李宾:《国内研发阻碍了我国全要素生产率的提高吗?》,《科学学研究》2010年第7期。

31. 李峰、王文举:《中国试点碳市场配额分配方法比较研究》,《经济与管理研究》2015年第4期。

32. 李怀政、林杰:《出口贸易的碳排放效应:源于中国工业证据》,《国际经贸探索》2013年第3期。

33. 李慧明:《当代西方学术界对欧盟国际气候谈判立场的研究综述》,《欧洲研究》2010年第6期。

34. 林季红、刘莹:《内生的环境规制:“污染天堂假说”在中国的再检验》,《中国人口·资源与环境》2013年第1期。

35. 柳剑平、程时雄:《中国R&D投入对生产率增长的技术溢出效应——基于工业行业(1993—2006年)的实证研究》,《数量经济技术经济研究》2011年第11期。

36. 李凯杰、曲如晓:《技术进步对中国碳排放的影响——基于向量误差修正模型的实证研究》,《中国软科学》2012年第6期。

37. 李锴、齐绍洲:《贸易开放、经济增长与中国二氧化碳排放》,《经济研究》2011年第11期。

38. 罗良文、潘雅茹、陈峥:《基础设施投资与中国全要素生产率——基于自主研发和技术引进的视角》,《中南财经政法大学学报》2016年第1期。

39. 刘明明:《论温室气体排放配额的初始分配》,《国际贸易问题》2012年第8期。

40. 李小平、卢现祥:《国际贸易、污染产业转移和中国工业CO_2排放》,《经济研究》2010年第1期。

41. 李小平、卢现祥、陶小琴:《环境规制强度是否影响了中国工业行业的贸易比较优势》,《世界经济》2012年第4期。

42. 李小平、朱钟棣:《国际贸易、R&D溢出和生产率增长》,《经济研究》2006年第2期。

43. 陆旸:《环境规制影响了污染密集型商品的贸易比较优势吗?》,《经济研究》2009年第4期。

44. 梁悦晨、曹玉昆:《澳大利亚碳排放权交易体系市场框架分析》,《世界林业研究》2015年第2期。

45. 林毅夫、张鹏飞:《后发优势、技术引进和落后国家的经济增长》,《经济学(季刊)》2005年第1期。

46. 刘渝琳、陈天伍:《国内R&D、对外开放技术外溢与地区全要素生产率差距》,《科技管理研究》2011年第2期。

47. 林勇、张宗益:《中国经济转型期技术进步影响因素及其阶段性特征检验》,

《数量经济技术经济研究》2009 年第 7 期。

48. 李真:《进口真实碳福利视角下的中国贸易碳减排研究——基于非竞争型投入产出模型》,《中国工业经济》2014 年第 12 期。

49. 李志国、周德田:《基于 VAR 模型的经济增长与环境污染关系实证分析——以山东省为例》,《低碳经济》2013 年第 8 期。

50. 马林、章凯栋:《外商直接投资对中国技术溢出的分类检验研究》,《世界经济》2008 年第 7 期。

51. 牛海霞、胡佳雨:《FDI 与我国二氧化碳排放相关性实证研究》,《国际贸易问题》2011 年第 5 期。

52. 彭可茂、席利卿、彭开丽:《中国环境规制与污染避难所区域效应——以大宗农产品为例》,《南开经济研究》2012 年第 4 期。

53. 彭水军、刘安平:《中国对外贸易的环境影响效应:基于环境投入—产出模型的经验研究》,《世界经济》2010 年第 5 期。

54. 彭水军、张文城、曹毅:《贸易开放的结构效应是否加剧了中国的环境污染——基于地级城市动态面板数据的经验证据》,《国际贸易问题》2013 年第 8 期。

55. 全炯振:《中国农业全要素生产率增长的实证分析:1978—2007 年——基于随机前沿分析(SFA)方法》,《中国农村经济》2009 年第 9 期。

56. 青木昌彦:《从比较经济学视角探究中国经济“新常态”》,《新金融评论》2015 年第 2 期。

57. 齐绍洲、王班班:《碳交易初始配额分配:模式与方法的比较分析》,《武汉大学学报(哲学社会科学版)》2013 年第 5 期。

58. 屈小娥:《考虑环境约束的中国省际全要素生产率再估算》,《产业经济研究》2012 年第 1 期。

59. 齐晔、李惠民、徐明:《中国进出口贸易中的隐含碳估算》,《中国人口·资源与环境》2008 年第 3 期。

60. 史贝贝、冯晨、张妍、杨菲:《环境规制红利的边际递增效应》,《中国工业经济》2017 年第 12 期。

61. 邵锋祥、屈小娥、席瑶:《陕西省碳排放环境库兹涅茨曲线及影响因素——基于 1978—2008 年的实证分析》,《干旱区资源与环境》2012 年第 8 期。

62. 沈可挺、龚健健:《环境污染、技术进步与中国高耗能产业——基于环境全要素生产率的实证分析》,《中国工业经济》2011 年第 12 期。

63. 沈利生、唐志:《对外贸易对我国污染排放的影响——以二氧化硫排放为例》,《管理世界》2008 年第 6 期。

64. 孙琳琳、任若恩:《中国资本投入和全要素生产率的估算》,《世界经济》2005 年第 12 期。

65. 申萌、李凯杰、曲如晓:《技术进步、经济增长与二氧化碳排放:理论和经验研究》,《世界经济》2012 年第 7 期。

66. 宋马林、王舒鸿:《环境库兹涅茨曲线的中国"拐点":基于分省数据的实证分析》,《管理世界》2011 年第 10 期。

67. 沈能、刘凤朝:《高强度的环境规制真能促进技术创新吗?——基于"波特假说"的再检验》,《中国软科学》2012 年第 4 期。

68. 孙小祥、杨桂山、徐昔保:《无锡市能源消费、碳排放与经济增长关系分析》,《长江流域资源与环境》2013 年第 12 期。

69. 孙耀华、李忠民:《中国各省区经济发展与碳排放脱钩关系研究》,《中国人口·资源与环境》2011 年第 5 期。

70. 汤二子、刘海洋、孔祥贞、孙振:《中国制造业企业研发投入与效果的经验研究》,《经济与管理》2012 年第 8 期。

71. 汤二子、孙振:《制造业企业污染排放与产出关系实证研究——企业层面是否存在环境库兹涅茨曲线?》,《财经科学》2012 年第 8 期。

72. 唐未兵、傅元海、王展祥:《技术创新、技术引进与经济增长方式转变》,《经济研究》2014 年第 7 期。

73. 田银华、贺胜兵、胡石其:《环境约束下地区全要素生产率增长的再估算:1998—2008》,《中国工业经济》2011 年第 1 期。

74. 王昌玲:《我国货物贸易对碳排放影响的实证研究》,西北大学 2016 年硕士学位论文。

75. 王昌玲、康蓉、张秋芬、冯晨、王栋:《中国参与国际气候谈判立场的双层博弈分析》,《生产力研究》2014 年第 11 期。

76. 王栋、康蓉、冯晨:《陕西能源消费、碳排放与经济增长》,《西北大学学报(自然科学网络版)》2014 年第 6 期。

77. 王飞:《外商直接投资促进了国内工业企业技术进步吗?》,《世界经济研究》2003 年第 4 期。

78. 汪锋、解晋:《中国分省绿色全要素生产率增长率研究》,《中国人口科学》2015 年第 2 期。

79. 王慧、张宁宁:《美国加州碳排放交易机制及其启示》,《环境与可持续发展》2015 年第 6 期。

80. 吴洁、范英、夏炎、刘婧宇:《碳配额初始分配方式对我国省区宏观经济及行业竞争力的影响》,《管理评论》2015 年第 12 期。

81. 万伦来、朱琴:《R&D 投入对工业绿色全要素生产率增长的影响——来自中国工业 1999—2010 年的经验数据》,《经济学动态》2013 年第 9 期。

82. 魏巍贤、杨芳:《技术进步对中国二氧化碳排放的影响》,《统计研究》2010 年第7期。

83. 王文治、陆建明:《要素禀赋、污染转移与中国制造业的贸易竞争力——对污染天堂与要素禀赋假说的检验》,《中国人口·资源与环境》2012年第12期。

84. 王小鲁、樊纲:《中国地区差距的变动趋势和影响因素》,《经济研究》2004年第1期。

85. 王英、刘思峰:《国际技术外溢渠道的实证研究》,《数量经济技术经济研究》2008年第4期。

86. 吴延瑞:《生产率对中国经济增长的贡献:新的估计》,《经济学(季刊)》2008年第3期。

87. 王志平:《生产效率的区域特征与生产率增长的分解——基于主成分分析与随机前沿超越对数生产函数的方法》,《数量经济技术经济研究》2010年第1期。

88. 许和连、邓玉萍:《经济增长、FDI与环境污染——基于空间异质性模型研究》,《财经科学》2012年第9期。

89. 许广月、宋德勇:《中国碳排放环境库兹涅茨曲线的实证研究——基于省域面板数据》,《中国工业经济》2010年第5期。

90. 熊灵、齐绍洲:《欧盟碳排放交易体系的结构缺陷、制度变革及其影响》,《欧洲研究》2012年第1期。

91. 熊灵、齐绍洲:《金融发展与中国省区碳排放——基于STIRPAT模型和动态面板数据分析》,《中国地质大学学报(社会科学版)》2016年第2期。

92. 徐双庆、刘滨:《日本国内碳交易体系研究及启示》,《清华大学学报(自然科学版)》2012年第8期。

93. 宣晓伟、张浩:《碳排放权配额分配的国际经验及启示》,《中国人口·资源与环境》2013年第12期。

94. 徐盈之、董琳琳:《如何实现二氧化碳减排和经济发展的双赢?——能源结构优化视角下的实证分析》,《中国地质大学学报(社会科学版)》2011年第6期。

95. 颜洪平:《中国工业绿色全要素生产率增长及其收敛性研究——基于GML指数的实证分析》,《西北工业大学学报(社会科学版)》2016年第2期。

96. 杨蕾:《没有碳计量就没有碳交易》,《质量探索》2014年第Z1期。

97. 岳书敬、刘朝明:《人力资本与区域全要素生产率分析》,《经济研究》2006年第4期。

98. 杨向阳、童馨乐:《FDI对中国全要素生产率增长影响研究的实证分析》,《统计与决策》2013年第3期。

99. 姚西龙、于渤:《技术进步、结构变动与工业二氧化碳排放研究》,《科研管理》2012年第8期。

100. 原毅军、芦云鹏:《开放经济条件下金融发展对碳排放的影响》,《产业经济评论》2012 年第 4 期。

101. 叶裕民:《全国及各省区市全要素生产率的计算和分析》,《经济学家》2002 年第 3 期。

102. 杨子宾:《基于节能减排的碳足迹核算——兼论中储粮的实施策略》,《商业会计》2014 年第 11 期。

103. 尹忠明、李东坤:《中国对外直接投资与国内全要素生产率提升——基于全面提高开放型经济发展水平的视角》,《财经科学》2014 年第 7 期。

104. 赵爱文:《中国碳排放、能源消费与经济增长关系研究》,南京航空航天大学 2012 年博士学位论文。

105. 钟冰平:《金砖国家对外贸易碳排放效应的实证研究》,浙江工商大学 2013 年硕士学位论文。

106. 张成、陆旸、郭路、于同申:《环境规制强度和生产技术进步》,《经济研究》2011 年第 2 期。

107. 张春鹏:《中国贸易开放的碳排放效应研究》,西北大学 2017 年硕士学位论文。

108. 张春鹏、康蓉、王昌玲:《碳计量的国际经验和实际做法》,《未来与发展》2015 年第 10 期。

109. 朱德进、杜克锐:《对外贸易、经济增长与中国二氧化碳排放效率》,《山西财经大学学报》2013 年第 5 期。

110. 庄贵阳:《气候变化挑战与中国经济低碳发展》,《国际经济评论》2007 年第 5 期。

111. 张华、魏晓平:《绿色悖论抑或倒逼减排——环境规制对碳排放影响的双重效应》,《中国人口・资源与环境》2014 年第 9 期。

112. 张海洋:《中国工业部门 R&D 吸收能力与外资技术扩散》,《管理世界》2005 年第 6 期。

113. 周军红、高富荣、罗旭东、陆国权、周登锦:《碳排放计量体系建设的研究》,《中国计量》2013 年第 12 期。

114. 周杰琦、汪同三:《贸易开放提高了二氧化碳排放吗?——来自中国的证据》,《财贸研究》2013 年第 2 期。

115. 张军、施少华:《中国经济全要素生产率变动:1952—1998》,《世界经济文汇》2003 年第 2 期。

116. 张军、吴桂英、张吉鹏:《中国省际物质资本存量估算:1952—2000》,《经济研究》2004 年第 10 期。

117. 赵敏、张卫国、俞立中:《上海市能源消费碳排放分析》,《环境科学研究》2009 年第 8 期。

118. 朱平芳、李磊:《两种技术引进方式的直接效应研究——上海市大中型工业企业的微观实证》,《经济研究》2006 年第 3 期。

119. 张秋芬、王昌玲、王栋、冯晨、康蓉:《伞形集团的谈判立场对中国参与国际气候谈判的影响》,《生产力研究》2014 年第 10 期。

120. 张婷、王立凯:《对外开放与自主研发对全要素生产率的影响分析——基于省际面板数据的比较研究》,《价格理论与实践》2016 年第 3 期。

121. 张友国:《碳排放视角下的区域间贸易模式:污染避难所与要素禀赋》,《中国工业经济》2015 年第 8 期。

122. 周勇、林源源:《技术进步对能源消费回报效应的估算》,《经济学家》2007 年第 2 期。

123. 朱智洺、沈天苗、何冰雁:《碳排放、中国对外贸易和金融发展关联性实证研究》,《生态经济》2015 年第 6 期。

124. 赵志耘、杨朝峰:《中国碳排放驱动因素分解分析》,《中国软科学》2012 年第 6 期。

125. Abadie, A., Diamond, A., & Hainmueller, J., "Synthetic Control Methods for Comparative Case Studies: Estimating the Effect of California's Tobacco Control Program", *Journal of the American Statistical Association*, Vol.105, 2010.

126. Acemoglu, D., Aghion, P., Bursztyn, L., & Hemous, D., "The Environment and Directed Technical Change", *American Economic Review*, Vol.102, 2012.

127. Ackerman, F., Ishikawa, M., & Suga, M., "The Carbon Content of Japan – US Trade", *Energy Policy*, Vol.35, 2007.

128. Aghion, P., Dechezleprêtre, A., Hemous, D., Martin, R., & Van Reenen, J., "Carbon Taxes, Path Dependency, and Directed Technical Change: Evidence from the Auto Industry", *Journal of Political Economy*, Vol.124, 2016.

129. Anderson, B., & Di Maria, C., "Abatement and Allocation in the Pilot Phase of the EU ETS", *Environmental and Resource Economics*, Vol.48, 2011.

130. Ankarhem, M., "A Dual Assessment of the Environmental Kuznets Curve: The Case of Sweden", *Energy Economics*, Vol.30, 2005.

131. Antweiler, W., "Copeland, B. R., & Taylor, M. S., Is Free Trade Good for the Environment?", *American Economic Review*, Vol.91, 2001.

132. Bogmans, C., & Withagen, C., "The Pollution Haven Hypothesis, a Dynamic Perspective", *Revue économique*, Vol.61, 2010.

133. Borghesi, S., Cainelli, G., & Mazzanti, M., *European Emission Trading Scheme and Environmental Innovation: An Empirical Analysis Using CIS Data for Italy*, Giornale Degli Economisti e Annali di Economia, 2012.

134. Braithwaite, J., "The New Regulatory State and the Transformation of Criminology", *British Journal of Criminology*, Vol.40, 2000.

135. Brunnermeier, S.B., & Cohen, M.A., "Determinants of Environmental Innovation in US Manufacturing Industries", *Journal of Environmental Economics and Management*, Vol.45, 2003.

136. Calel, R., & Dechezlepretre, A., "Environmental Policy and Directed Technological Change: Evidence from the European Carbon Market", *Review of Economics and Statistics*, Vol.98, 2016.

137. Cantwell, J., *Technological Innovation and Multinational Corporations*, Blackwell, 1989.

138. Carrión-Flores, C.E., & Innes, R., "Environmental Innovation and Environmental Performance", *Journal of Environmental Economics and Management*, Vol.59, 2010.

139. Caselli, F., Coleman, I. I., & John, W., "The World Technology Frontier", *American Economic Review*, Vol.96, 2006.

140. Caves, R. E., "International Corporations: The Industrial Economics of Foreign Investment", *Economica*, Vol.38, 1971.

141. Chintrakarn, P., & Millimet, D.L., "The Environmental Consequences of Trade: Evidence from Subnational Trade Flows", *Journal of Environmental Economics and Management*, Vol.52, 2006.

142. Chung, Y.H., Färe, R., & Grosskopf, S., "Productivity and Undesirable Outputs: A Directional Distance Function Approach", *Journal of Environmental Management*, Vol.51, 1997.

143. Cole, M.A., & Elliott, R.J., "Determining the Trade—Environment Composition Effect: The Role of Capital, Labor and Environmental Regulations", *Journal of Environmental Economics and Management*, Vol.46, 2003.

144. Cole, M. A., Elliott, R. J., & Shimamoto, K., "Why the Grass Is Not always Greener: The Competing Effects of Environmental Regulations and Factor Intensities on US Specialization", *Ecological Economics*, Vol.54, 2005.

145. Cooper, W.W., Seiford, L.M., & Tone, K., *Data Envelopment Analysis*, *Handbook on Data Envelopment Analysis*, 1st ed.; Cooper, WW, Seiford, LM, Zhu, J., Eds, 2000.

146. Copeland, B.R., & Taylor, M.S., "North-South Trade and the Environment", *The Quarterly Journal of Economics*, Vol.109, 1994.

147. Copeland, B.R., & Taylor, M.S., "International Trade and the Environment: A Framework for Analysis" (No.w8540), *National Bureau of Economic Research*, 2001.

148. Copeland, B.R., & Taylor, M.S., "Trade, Growth, and the Environment", *Journal*

of Economic Literature, Vol.42, 2004.

149. Dean, J. M., Lovely, M. E., & Wang, H., *Are Foreign Investors Attracted to Weak Environmental Regulations? Evaluating the Evidence from China*, The World Bank, 2005.

150. De Vries, F. P., & Withagen, C., *Innovation and Environmental Stringency: The Case of Sulfur Dioxide Abatement*, Center Discussion Paper N, 18, Tilburg University, 2005.

151. Djankov, S., & Hoekman, B., "Foreign Investment and Productivity Growth in Czech Enterprises", *The World Bank Economic Review*, Vol.14, 2000.

152. Druckman, A., & Jackson, T., "The Carbon Footprint of UK Households 1990-2004: A Socio-Economically Disaggregated, Quasi-Multi-Regional Input-Output Model", *Ecological Economics*, Vol.68, 2009.

153. Du, L., Harrison, A., & Jefferson, G. H., "Testing for Horizontal and Vertical Foreign Investment Spillovers in China, 1998-2007", *Journal of Asian Economics*, Vol.23, 2012.

154. European Commission., *EU Action Against Climate Change: EU Emissions Trading—An Open Scheme Promoting Global Innovation*, 2005.

155. Färe, R., Grosskopf, S., & Pasurka, Jr, C. A., "Accounting for Air Pollution Emissions in Measures of State Manufacturing Productivity Growth", *Journal of Regional Science*, Vol.41, 2001.

156. Feng, C., Shi, B., & Kang, R., "Does Environmental Policy Reduce Enterprise Innovation? —Evidence from China", *Sustainability*, Vol.9, 2017.

157. Fisher - Vanden, K., Jefferson, G. H., Jingkui, M., & Jianyi, X., "Technology Development and Energy Productivity in China", *Energy Economics*, Vol.28, 2006.

158. Frankel, J.A., & Rose, A.K., "Is Trade Good or Bad for the Environment? Sorting Out the Causality", *Review of Economics and Statistics*, Vol.87, 2005.

159. Gerlagh, R., & Van der Zwaan, B., "Options and Instruments for a Deep Cut in CO_2 Emissions: Carbon Dioxide Capture or Renewables, Taxes or Subsidies?" *The Energy Journal*, Vol.27, 2006.

160. Gollop, F. M., & Roberts, M. J., "Environmental Regulations and Productivity Growth: The Case of Fossil - Fueled Electric Power Generation", *Journal of Political Economy*, Vol.91, 1983.

161. Gollop, F. M., & Swinand, G. P., "From Total Factor to Total Resource Productivity: An Application to Agriculture", *American Journal of Agricultural Economics*, Vol.80, 1998.

162. Gray, W. B., R. Shadbegian, "Pollution Abatement Costs, Regulation, and Plant-Level Productivity", *NBER Working Paper* N, 4994, 1993.

163. Gray, W.B., & Shadbegian, R.J., "Plant Vintage, Technology, and Environmental Regulation", *Journal of Environmental Economics and Management*, Vol.46, 2003.

164. Greenstone, M., & Gayer, T., "Quasi-Experimental and Experimental Approaches to Environmental Economics", *Journal of Environmental Economics and Management*, Vol.57, 2009.

165. Grimes, P., & Kentor, J., "Exporting the Greenhouse: Foreign Capital Penetration and CO? Emissions 1980, 1996", *Journal of World-Systems Research*, Vol.9, 2003.

166. Grossman G. M. & Krueger A. B., "Environmental Impacts of a North American Free Trade Agreement", *National Bureau of Economic Research*, *Working Paper* 3914, *NBER*, *Cambridge MA*, 1991.

167. Grubb, M., Azar, C., & Persson, U. M., "Allowance Allocation in the European Emissions Trading System: A Commentary", *Climate Policy*, Vol.5, 2005.

168. Hamamoto, M., "Environmental Regulation and the Productivity of Japanese Manufacturing Industries", *Resource and Energy Economics*, Vol.28, 2006.

169. Hertwich, E. G., & Peters, G. P., "Carbon Footprint of Nations: A Global, Trade-Linked Analysis", *Environmental Science & Technology*, Vol.43, 2009.

170. Hoffmann, V. H., "EU ETS and Investment Decisions: The Case of the German Electricity Industry", *European Management Journal*, Vol.25, 2007.

171. Hu, A. G., Jefferson, G. H., & Jinchang, Q., R&D and Technology Transfer: Firm-Level Evidence from Chinese Industry, *Review of Economics and Statistics*, Vol.87, 2005.

172. Jaffe, A. B., Newell, R. G., Stavins R N., "Energy-Efficient Technologies and Climate Change Policies: Issues and Evidence", *Climate Issues Working Paper*, No.19, 1999.

173. Jaffe, A. B., Newell, R. G., & Stavins, R. N., "Environmental Policy and Technological Change", *Environmental and Resource Economics*, Vol.22, 2002.

174. Jaffe, A. B., Newell, R. G., & Stavins, R. N., "A Tale of Two Market Failures: Technology and Environmental Policy", *Ecological Economics*, Vol.54, 2005.

175. Jaffe, A. B., & Palmer, K., "Environmental Regulation and Innovation: A Panel Data Study", *Review of Economics and Statistics*, Vol.79, 1997.

176. Jefferson, G.H., Huamao, B., Xiaojing, G., & Xiaoyun, Y., "R&D Performance in Chinese Industry", *Economics of Innovation and New Technology*, Vol.15, 2006.

177. Johnstone, N., Haščič, I., & Popp, D., "Renewable Energy Policies and Technological Innovation: Evidence Based on Patent Counts", *Environmental and Resource Economics*, Vol.45, 2010.

178. Juknys, R., "Transition Period in Lithuania—Do We Move to Sustainability?",

Energy, Vol.4, 2003.

179. Kakali, M., "Impact of Liberalized Trade on Energy Use and Environment in India", *Journal of Environmeatal Ecological Management*, Vol.1, 2004.

180. Kellenberg, D. K., "A Reexamination of the Role of Income for the Trade and Environment Debate", *Ecological Economics*, Vol.68, 2008.

181. King, G., & Zeng, L., "The Dangers of Extreme Counterfactuals", *Political Analysis*, Vol.14, 2006.

182. Kokko, A., "Productivity Spillovers from Competition between Local Firms and Foreign Affiliates", *Journal of International Development*, Vol.8, 1996.

183. Kriechel, B., & Ziesemer, T., "The Environmental Porter Hypothesis: Theory, Evidence, and a Model of Timing of Adoption", *Economics of Innovation and New Technology*, Vol.18, 2009.

184. Lanjouw, J. O., & Mody, A., "Innovation and the International Diffusion of Environmentally Responsive Technology", *Research Policy*, Vol.25, 1996.

185. Lanoie, P., Laurent, Lucchetti, J., Johnstone, N., & Ambec, S., "Environmental Policy, Innovation and Performance: New Insights on the Porter Hypothesis", *Journal of Economics & Management Strategy*, Vol.20, 2011.

186. Lanoie, P., Patry, M., & Lajeunesse, R., "Environmental Regulation and Productivity: Testing the Porter Hypothesis", *Journal of Productivity Analysis*, Vol.30, 2008.

187. Levinson, A., & Taylor, M. S., "Unmasking the Pollution Haven Effect", *International Economic Review*, Vol.49, 2008.

188. Liao, Z., Zhu, X., & Shi, J., "Case Study on Initial Allocation of Shanghai Carbon Emission Trading Based on Shapley Value", *Journal of Cleaner Production*, Vol.103, 2015.

189. Liddle, B., "Free Trade and the Environment—Development System", *Ecological Economics*, Vol.39, 2001.

190. Li, N., Kang, R., Feng, C., Wang, C., & Zhang, C., "Energy Structure, Economic Growth, and Carbon Emissions: Evidence from Shanxi Province of China (1990–2012)", *In Forum Sci. Oeconomia*, Vol.5, 2017.

191. Li, N., Shi, B.B., Kang R., &Ekeland, A., "The Influence of Allowance Allocation Methods on CO_2 Emission Reduction: Experiences from the Seven China Pilots", *Chinese Business Review*, Vol.16, 2017.

192. List, J. A., Millimet, D. L., Fredriksson, P. G., & McHone, W. W., "Effects of Environmental Regulations on Manufacturing Plant Births: Evidence from a Propensity Score Matching Estimator", *Review of Economics and Statistics*, Vol.85, 2003.

193. López, L.A., Arce, G., & Zafrilla, J.E., "Parcelling Virtual Carbon in the Pollution

Haven Hypothesis", *Energy Economics*, Vol.39, 2013.

194. Malmquist, S., " Index Numbers and Indifference Surfaces ", *Trabajos de Estadistica*, Vol.4, 1953.

195. Mani, M., & Wheeler, D., "In Search of Pollution Havens? Dirty Industry in the World Economy, 1960 to 1995", *The Journal of Environment & Development*, Vol.7, 1998.

196. Martin, R., Muûls, M., De Preux, L. B., & Wagner, U. J., " On the Empirical Content of Carbon Leakage Criteria in the EU Emissions Trading Scheme", *Ecological Economics*, Vol.105, 2014.

197. McAusland, C., Trade, Politics, " and the Environment: Tailpipe VS, Smokestack", *Journal of Environmental Economics and Management*, Vol.55, 2008.

198. Moser, P., & Voena, A., "Compulsory Licensing: Evidence from the Trading with the Enemy Act", *American Economic Review*, Vol.102, 2012.

199. Oh, D.H., "A Metafrontier Approach for Measuring an Environmentally Sensitive Productivity Growth Index", *Energy Economics*, Vol.32, 2010.

200. Panayotou, T., "Demystifying the Environmental Kuznets Curve: Turning a Black Box into a Policy Tool", *Environment and Development Economics*, Vol.2, 1997.

201. Pang, R. Z., Deng, Z. Q., & Chiu, Y. H., " Pareto Improvement through a Reallocation of Carbon Emission Quotas", *Renewable and Sustainable Energy Reviews*, Vol.50, 2015.

202. Rassier, D. G., & Earnhart, D., " The Effect of Clean Water Regulation on Profitability: Testing the Porter Hypothesis", *Land Economics*, Vol.86, 2010.

203. Peters, G.P., & Hertwich, E.G., "Pollution Embodied in Trade: The Norwegian Case", *Global Environmental Change*, Vol.16, 2006.

204. Pizer, W. A., & Popp, D., " Endogenizing Technological Change: Matching Empirical Evidence to Modeling Needs", *Energy Economics*, Vol.30, 2008.

205. Popp, D., "Induced Innovation and Energy Prices", *American Economic Review*, Vol.92, 2002.

206. Popp, D., " International Innovation and Diffusion of Air Pollution Control Technologies: The Effects of NO_X and SO_2 Regulation in the US, Japan, and Germany", *Journal of Environmental Economics and Management*, Vol.51, 2006.

207. Porter, M. E., *Towards a Dynamic Theory of Strategy*, *Strategic Management Journal*, Vol.12, 1991.

208. Porter M. E., Linde C. V. D., "Toward a New Conception of the Environment-Competitiveness Relationship", *Journal of Economic Perspectives*, Vol.9, 1995.

209. Rogge, K. S., & Hoffmann, V. H., "The Impact of the EU ETS on the Sectoral

Innovation System for Power Generation Technologies - Findings for Germany", *Energy Policy*, Vol.38, 2010.

210. Rogge, K.S., Schleich, J., Haussmann, P., Roser, A., & Reitze, F., "The Role of the Regulatory Framework for Innovation Activities: The EU ETS and the German Paper Industry", *International Journal of Technology, Policy and Management*, Vol.11, 2011.

211. Rogge, K.S., Schneider, M., & Hoffmann, V.H., "The Innovation Impact of the EU Emission Trading System—Findings of Company Case Studies in the German Power Sector", *Ecological Economics*, Vol.70, 2011.

212. Rubashkina, Y., Galeotti, M., & Verdolini, E., "Environmental Regulation and Competitiveness: Empirical Evidence on the Porter Hypothesis from European Manufacturing Sectors", *Energy Policy*, Vol.83, 2015.

213. Saunders, H. D., "A View from the Macro Side: Rebound, Backfire, and Khazzoom-Brookes", *Energy Policy*, Vol.28, 2000.

214. Scheel, H., "Undesirable Outputs in Efficiency Valuations", *European Journal of Operational Research*, Vol.132, 2001.

215. Schleich, J., "Environmental Quality with Endogenous Domestic and Trade Policies", *European Journal of Political Economy*, Vol.15, 1999.

216. Schleich, J., Rogge, K., & Betz, R., "Incentives for Energy Efficiency in the EU Emissions Trading Scheme", *Energy Efficiency*, Vol.2, 2009.

217. Schmalensee, R., Stoker, T. M., & Judson, R. A., "World Carbon Dioxide Emissions: 1950-2050", *Review of Economics and Statistics*, Vol.80, 1998.

218. Shafik N. & Bandyopadhyay S., *Economic Growth and Environmental Quality: Time Series and Cross Country Evidence. Background Paper for the World Development Report*, The World Bank, Washington D.C., 1992.

219. Smarzynska, B.K., "The Composition of Foreign Direct Investment and Protection of Intellectual Property Rights: Evidence from Transition Economies", *Policy Research Working Paper Series from The World Bank*, No.2786, 2002.

220. Stavins R., A.U.S., "Cap-and-Trade System to Address Global Climate Change", *Working Paper*, Vol.32, 2007.

221. Suyanto, & Salim, R., "Foreign Direct Investment Spillovers and Technical Efficiency in the Indonesian Pharmaceutical Sector: Firm Level Evidence", *Applied Economics*, Vol.45, 2011.

222. Tamazian, A., Chousa, J.P., & Vadlamannati, K.C., "Does Higher Economic and Financial Development Lead to Environmental Degradation: Evidence from BRIC Countries", *Energy Policy*, Vol.37, 2009.

223. Temple, J., "The New Growth Evidence", *Journal of Economic Literature*, Vol. 37, 1999.

224. Tomás, R.A.F., Ribeiro, F.R., Santos, V.M.S., Gomes, J.F.P., & Bordado, J.C.M., "Assessment of the Impact of the European CO_2 Emissions Trading Scheme on the Portuguese Chemical Industry", *Energy Policy*, Vol.38, 2010.

225. Tone, K., "A Slacks - Based Measure of Efficiency in Data Envelopment Analysis", *European Journal of Operational Research*, Vol.130, 2001.

226. Walker, N., Bazilian, M., & Buckley, P., "Possibilities of Reducing CO_2 Emissions from Energy-Intensive Industries by the Increased Use of Forest-Derived Fuels in Ireland", *Biomass and Bioenergy*, Vol.33, 2009.

227. Wyckoff, A. W., & Roop, J. M., "The Embodiment of Carbon in Imports of Manufactured Products: Implications for International Agreements on Greenhouse Gas Emissions", *Energy Policy*, Vol.22, 1994.

228. Yang, C. H., Tseng, Y. H., & Chen, C. P., "Environmental Regulations, Induced R&D, and Productivity: Evidence from Taiwan's Manufacturing Industries", *Resource and Energy Economics*, Vol.34, 2012.

229. Zhang, C.P., Feng, C., & Kang, R., "Trade Liberalization, Financial Development and Chinese Inter-provincial Carbon Emissions", *Journal of Business and Economics*, Vol.8, 2017.

230. Zhang, Y. J., "The Impact of Financial Development on Carbon Emissions: An Empirical Analysis in China", *Energy Policy*, Vol.39, 2011.

后　　记

面对日益加重的全球气候变化，世界各国所承受的碳减排压力也越来越大；而作为世界瞩目的经济增长引擎，中国如何处理好环境规制与经济增长之间的关系也成为广为关注的重大问题。基于经济规律来发展经济，根据市场规则来建立市场，是对环境规制政策与经济发展模式双向互动的最好诠释。

时光倏忽而逝，不知不觉已是四年，四年前我们动笔写有关碳排放的第一篇文章时，万万想不到四年后我们亦能将这些学习成果进行整理出版。四年时光，虽不致“少年子弟江湖老，红颜少女的鬓边终于也见到了白发”，但故人已星散于天涯各地，而我们则坚持不懈地继续学习和探讨。

因此，我们要郑重地感谢对本书编写工作作出有益贡献的成员，各章写作分工如下：第一章：康蓉、王栋、张秋芬、王昌玲、李楠；第二章：冯晨、张妍；第三章：康蓉、李楠、王昌玲、史贝贝、张秋芬；第四章：张妍、冯晨；第五章：康蓉、李楠、王昌玲、张春鹏；第六章：冯晨、史贝贝、王昌玲、王栋。我们还要感谢马劲风、安德斯·埃克兰（Anders Ekeland）、杨菲的支持与帮助。

尽管受益于许多人的批评和指导，本书仍有可能造成疏漏与错误，一切皆因我们学艺不精所致，由我们负全部责任，还请海涵指正。

康蓉　冯晨　李楠

2020年2月于西北大学

策划编辑:郑海燕
封面设计:胡欣欣
责任校对:苏小昭

图书在版编目(CIP)数据

环境规制、排污权交易与经济增长/康蓉,冯晨,李楠 著. —北京:
  人民出版社,2020.5
ISBN 978-7-01-022001-7

Ⅰ. ①环… Ⅱ. ①康… ②冯… ③李… Ⅲ. ①环境政策-影响-中国经济-
  经济增长-研究 Ⅳ. ①X-012

中国版本图书馆 CIP 数据核字(2020)第 055386 号

环境规制、排污权交易与经济增长

HUANJING GUIZHI PAIWUQUAN JIAOYI YU JINGJI ZENGZHANG

康 蓉 冯 晨 李 楠 著

人民出版社 出版发行
(100706 北京市东城区隆福寺街 99 号)

北京中科印刷有限公司印刷 新华书店经销

2020 年 5 月第 1 版 2020 年 5 月北京第 1 次印刷
开本:710 毫米×1000 毫米 1/16 印张:15.5
字数:175 千字

ISBN 978-7-01-022001-7 定价:65.00 元

邮购地址 100706 北京市东城区隆福寺街 99 号
人民东方图书销售中心 电话 (010)65250042 65289539